概率论与数理统计教程

宿娟　郑鹏社　冷礼辉 ◎ 主编

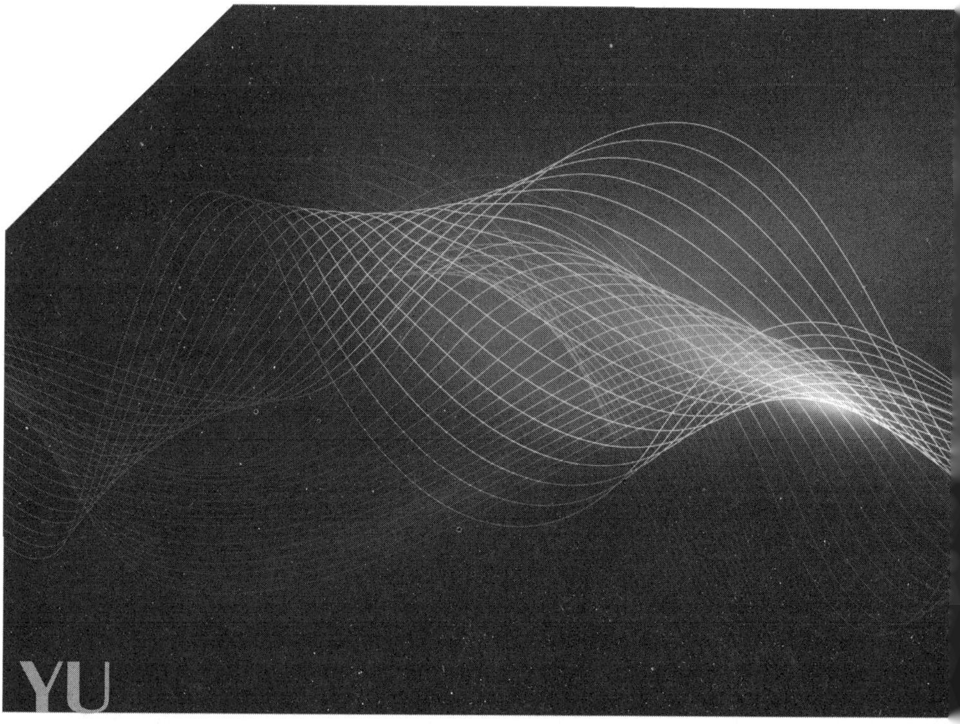

GAILÜLUN YU
SHULI TONGJI JIAOCHENG

四川大学出版社

项目策划：陈克坚
责任编辑：梁　平
责任校对：傅　奕
封面设计：璞信文化
责任印制：王　炜

图书在版编目（CIP）数据

概率论与数理统计教程 / 宿娟，郑鹏社，冷礼辉主
编．— 成都：四川大学出版社，2020.8
ISBN 978-7-5690-3674-9

Ⅰ．①概… Ⅱ．①宿… ②郑… ③冷… Ⅲ．①概率论
－高等学校－教材②数理统计－高等学校－教材 Ⅳ．
① O21

中国版本图书馆 CIP 数据核字（2020）第 136589 号

书名	概率论与数理统计教程
主　　编	宿　娟　郑鹏社　冷礼辉
出　　版	四川大学出版社
地　　址	成都市一环路南一段 24 号（610065）
发　　行	四川大学出版社
书　　号	ISBN 978-7-5690-3674-9
印前制作	四川胜翔数码印务设计有限公司
印　　刷	成都市新都华兴印务有限公司
成品尺寸	185mm×260mm
印　　张	10
字　　数	254 千字
版　　次	2020 年 9 月第 1 版
印　　次	2020 年 9 月第 1 次印刷
定　　价	48.00 元

◆ 读者邮购本书，请与本社发行科联系。
　电话：(028)85408408/(028)85401670/
　(028)86408023　邮政编码：610065
◆ 本社图书如有印装质量问题，请寄回出版社调换。
◆ 网址：http://press.scu.edu.cn

四川大学出版社
微信公众号

前　言

概率论与数理统计是研究随机现象数量规律的一门学科。它作为现代数学的重要分支，已广泛应用于自然科学和社会科学的各个领域。概率论与数理统计是大学理、工、农、医、经济和管理等学科所有专业的一门重要基础课。通过本课程的学习，希望学生掌握概率论与数理统计的基本思想和方法，具备解决实际问题的能力。

本书是根据地方性高等学校非数学类本科教学基础要求及教育部颁布的研究生入学考试中数学一、二和三的考试大纲中相应课程的内容编写的，符合一般院校非数学类各专业对数学的要求。本教材在结构体系、内容安排、习题配置等方面努力突出应用型的特色：注意加强对学生应用数学方法解决经济问题的能力的培养；适当淡化严密的纯理论性推导而加强对学生"清晰的直觉和必要的推理"的训练；在保证教学要求的同时，让教师比较容易组织教学，学生比较容易理解接受，在章节内容上注重说明了有关内容的关联和地位，在概念的引入上注重从实际例子、几何直观出发并增加了有益的说明和注释，在讲解常用方法时清楚地列出程序化的步骤，做到了脉络清晰、化难为易；为学生将来利用数学分析的方法讨论更深入的经济问题打下良好的基础。

本书内容包括随机事件和概率、随机变量及其概率分布、二维随机向量、随机变量的数字特征、大数定律与中心极限定理、数理统计的基本概念、参数估计、假设检验、回归分析与方差分析。本书共 9 章，由宿娟（成都师范学院）、郑鹏社（西华大学）、冷礼辉（西华大学）编写。第 1~7 章由宿娟编写，第 8~9 章由郑鹏社编写，全书由冷礼辉负责组稿、统稿、初审并参与了部分撰写工作。本书在编写与修改的过程中得到成都师范学院数学学院和西华大学理学院的大力支持，以及四川大学出版社陈克坚老师对书稿进行的认真校对与规范，在此一并致谢！

由于编者水平有限，教材中难免存在不足之处，希望专家、同行、读者批评指正，使本书在教学实践的过程中不断完善。

编　者

2020. 1

目　　录

第1章 随机事件和概率

在自然界与人类的社会活动中,人们所遇到的各种现象按其结果能否准确预测来划分,可以分为如下两种类型.

第一类是结果能准确得到的,即在一定条件下,必然出现(或者不出现)某一种结果的现象.它们的一个共同特点就是可以事前预言,即在准确地重复某些条件下,结果总是可以肯定的,或是根据它过去的状态,在相同的条件下完全可以预言将来的发展.例如:三角形中,任意两边之和一定大于第三边;在标准大气压下,水加热到100 ℃一定沸腾,等等.我们把这类现象称之为**确定性现象**.

第二类现象是结果不能准确得到的.例如:掷一枚硬币,可能正面(有国徽的一面)向上,也可能反面向上,结果不能事先确定;打靶时,弹着点离靶心的距离是某一个非负实数,我们不能事先确定这一距离的数值.这类现象存在的共同点就是在个别试验中呈现不确定的结果,而在大量重复试验中呈现规律性,这类现象被称为**随机现象**,这种规律性称为统计规律性.概率论与数理统计就是研究随机现象内在规律的一门学科.

1.1 随机事件

1.1.1 随机试验

对于随机现象,我们感兴趣的是那些在相同条件下可以重复观察的现象.研究它们时,总要在一定条件下进行观察、测量,为了叙述方便,以后把这些工作统称为试验.如果试验具有以下三个特点则称为随机试验:

(1)试验可以在相同的条件下重复进行;

(2)每次试验的结果不止一个,并且能事先知道试验的所有可能结果;

(3)试验之前不能确定哪个结果出现.

下面是几个随机试验的例子.

例1 掷一枚骰子,记录其点数.

例2 将一枚硬币连续抛掷两次,观察正面 H、反面 T 出现的情况.

例3 在一大批电视机中任意抽取一台,测试其寿命.

例4 向直角坐标平面上的圆形区域 $x^2 + y^2 \leqslant r^2$ 上随机掷一个质点,观察其落点的位置.

1.1.2 样本空间

对于任一个随机试验,由于它必须满足条件(2),因此随机试验的所有可能结果都是已知的.我们将随机试验的所有可能结果组成的集合称为**样本空间**,记作 Ω. Ω 中的元素是随机试验的每个结果,称为**样本点**,一般用 ω 表示.例 1～例 4 的随机试验中样本空间分别为 $\Omega=\{1,2,3,4,5,6\}$,$\Omega=\{HH,HT,TH,TT\}$,$\Omega=\{t\mid t\geqslant 0\}$,$\Omega=\{(x,y)\mid x^2+y^2\leqslant r^2\}$.

1.1.3 随机事件

在实践中,人们往往需要研究样本空间中满足某些条件的样本点组成的集合,即关注满足某些条件的样本点在试验中是否会出现.如例 3 中,若规定电视机的寿命超过 10000 小时为合格品,则我们关心的是电视机的寿命是否大于 10000 小时,满足这一条件的样本点组成样本空间 Ω 的一个子集 $A=\{t\mid t>10000\}$,我们称 A 是此试验的一个随机事件.

一般的,称随机试验的样本空间 Ω 的子集为**随机事件**,简称**事件**,通常用大写字母 A,B,C 等表示.若试验中出现的结果 $\omega\in A$,则称事件 A 发生,否则称 A 不发生.

通常将只含有一个样本点 ω 的事件称为**基本事件**,将含有两个或两个以上样本点的事件称为**复杂事件**.样本空间 Ω 是自己的子集,也是一个事件.它包含了试验的所有结果,在每次试验中总会发生,因此称为**必然事件**;空集不包含 Ω 中的任何元素,在每次试验中都不发生,称为**不可能事件**.我们用 Ω 表示必然事件,用 $\varnothing$ 表示不可能事件.由于必然事件与不可能事件的发生与否已失去了随机性,因此它们不是随机事件.但为了研究的方便,我们还是把必然事件和不可能事件当作是两种极端情况的随机事件.

在例 1 中,设 A 表示"出现的点数小于 7",则 $A=\Omega$ 是必然事件;设 B 表示"出现 8 点",则 B 是 Ω 的空子集,是不可能事件,即 $B=\varnothing$;设 C 表示"出现偶数点",则 $C=\{2,4,6\}$,若实际掷出 4 点,则事件表示 C 发生了;设 D 表示"掷出 3 点",则 $D=\{3\}$ 是基本事件.

1.1.4 事件的关系与运算

在同一条件下发生的各种随机事件,往往不是孤立的,而是彼此联系、互相影响的.事件的关系与运算和集合的关系与运算是相互对应的.

后面的叙述中认定样本空间 Ω 已经给定,A,B,C 等是 Ω 中的事件.

1.包含关系

若事件 A 发生必导致事件 B 发生,则称事件 B 包含事件 A,记为 $A\subset B$,如图 1-1 所示.

例 1 中,记 $A=\{2,4,6\}$ 表示"出现偶数点";$B=\{2,3,4,5,6\}$ 表示"出现的点数大于 1".若事件"出现偶数点"发生,则事件"出现的点数大于 1"必然发生,故 $A\subset B$.

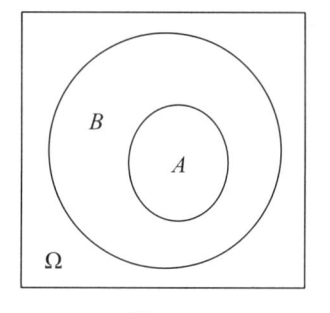

图 1-1

2. 相等关系

若事件 B 包含事件 A，事件 A 也包含事件 B，即 $A \subset B$ 且 $A \supset B$，则称事件 A 与 B **相等**，记为 $A = B$，表示 A 与 B 是同一个事件.

例 1 中，记 $A =$ "出现小于 5 的偶数"，$B =$ "出现 2 或 4"，则 $A = B = \{2, 4\}$.

3. 事件的和

事件 $A \cup B = \{\omega \mid \omega \in A \text{ 或 } \omega \in B\}$ 称为事件 A 与事件 B 的**和**. 显然，事件 $A \cup B$ 发生是指事件 A 或者事件 B 发生，如图 1−2 的阴影部分所示.

图 1−2

例 1 中，记 $A = \{2, 4, 6\}$，表示出现偶数点，$B = \{1, 2, 3\}$，表示出现的点数小于 4，则 $A \cup B = \{1, 2, 3, 4, 6\}$.

显然 $A \cup \varnothing = A$，$A \cup A = A$.

称 "n 个事件 $A_1, A_2, \cdots, A_n$ 中至少有一个发生" 的事件为这 n 个事件的和，记为 $\bigcup\limits_{i=1}^{n} A_i$. 称 "可列个事件 $A_1, A_2, \cdots$ 中至少有一个发生" 的事件为可列个事件的和，记为 $\bigcup\limits_{i=1}^{\infty} A_i$.

4. 事件的积

事件 $A \cap B = \{\omega \mid \omega \in A, \omega \in B\}$ 称为事件 A 与事件 B 的**积**，简记为 AB. 显然，事件 AB 发生是指事件 A 和 B 同时发生，如图 1−3 中阴影部分所示.

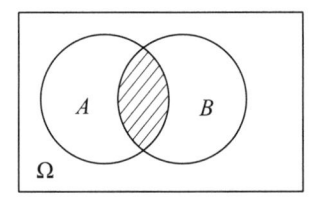

图 1−3

显然 $A\varnothing = \varnothing$，$A\Omega = A$，$AA = A$，$AB \subset A$.

称 "n 个事件 $A_1, A_2, \cdots, A_n$ 同时发生" 的事件为这 n 个事件的积，记为 $\bigcap\limits_{i=1}^{n} A_i$. 称 "可列个事件 $A_1, A_2, \cdots$ 同时发生" 的事件为可列个事件的积，记为 $\bigcap\limits_{i=1}^{\infty} A_i$.

5. 事件的差

事件 $A-B=\{\omega\,|\,\omega\in A,\omega\notin B\}$ 称为事件 A 与事件 B 的**差**,表示"事件 A 发生而事件 B 不发生",如图 $1-4$ 的阴影部分所示.

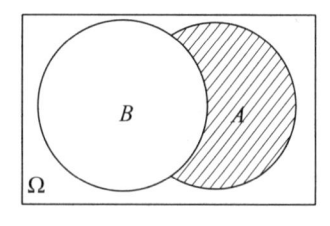

图 $1-4$

例 1 中,记 $A=\{$出现偶数点$\}=\{2,4,6\}$,$B=\{$出现的点数大于 4$\}=\{5,6\}$,则 $A-B=\{2,4\}$,$B-A=\{5\}$.

6. 互不相容事件

若事件 A 与事件 B 不能同时发生,即 $A\cap B=\varnothing$,则称事件 A 与 B **互不相容**(或**互斥**),这时 A 与 B 没有公共的样本点,如图 $1-5$ 所示.

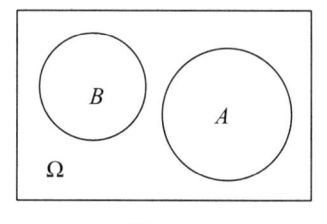

图 $1-5$

例 1 中,记 $A=\{$出现的偶数点$\}$,$B=\{$出现 1 点或 3 点$\}$,则 A 与 B 是互不相容事件.

7. 对立事件

设事件 A 和 B 满足 $A\cap B=\varnothing$ 且 $A\cup B=\Omega$,则称 A 与 B 为**互逆事件**(或**对立事件**),这时 B 称为 A 的对立事件(或逆事件),记作 $\bar{A}$,即 $\bar{A}=\Omega-A$,如图 $1-6$ 所示.显然,若 $B=\bar{A}$,则 $A=\bar{B}$.

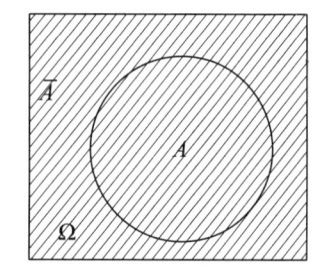

图 $1-6$

在一次试验中,事件 A 与事件 $\bar{A}$ 有且仅有一个发生.

下列等式在实际中是经常用到的.

$A \cup \overline{A} = \Omega, A\overline{A} = \varnothing, \overline{\overline{A}} = A, A - B = A - AB = A\overline{B}, A \cup \varnothing = A, A \cup A = A, A\varnothing = \varnothing,$
$A\Omega = A, AA = A, AB \subset A.$

将概率论中的事件和集合论中的集合的对应关系比较,如表 1-1 所示.

表 1-1

记号	概率论	集合论
Ω	样本空间,必然事件	空间,全集
$\varnothing$	不可能事件	空集
ω	基本事件,样本点	元素,点
A	Ω 中的事件	Ω 中的子集
$\overline{A}$	事件 A 的对立事件(逆事件)	集合 A 的补
$A \subset B$	事件 A 发生导致事件 B 发生	集合 B 包含集合 A
$A = B$	事件 A 与事件 B 相等	集合 B 与集合 A 相等
$A \cup B$	事件 A 与事件 B 至少有一个发生	集合 A 与集合 B 的并集
$A - B$	事件 A 发生而事件 B 不发生	集合 A 与集合 B 的差集
AB	事件 A 与事件 B 同时发生	集合 B 与集合 A 交集
$AB = \varnothing$	事件 A 与事件 B 互不相容	集合 B 与集合 A 无公共元素

类似集合的运算,事件的运算满足下列运算律:

(1)交换律:$A \cup B = B \cup A, AB = BA$;

(2)结合律:$(A \cup B) \cup C = A \cup (B \cup C), (AB)C = A(BC)$;

(3)分配律:$(A \cup B)C = AC \cup BC, (AB) \cup C = (A \cup C)(B \cup C)$;

(4)对偶律:$\overline{A \cup B} = \overline{A}\overline{B}, \overline{AB} = \overline{A} \cup \overline{B}$.

这些运算律还可以推广到更多个事件.例如 n 个事件 $A_1, A_2, \cdots, A_n$ 的对偶律为

$$\overline{A_1 \cup A_2 \cup \cdots \cup A_n} = \overline{A_1}\overline{A_2}\cdots\overline{A_n}, \overline{A_1 A_2 \cdots A_n} = \overline{A_1} \cup \overline{A_2} \cup \cdots \cup \overline{A_n}.$$

根据事件的关系与运算律可用一些简单的事件来表示较复杂的事件.

例 5 甲,乙,丙三人各向目标射击一发子弹,以 A, B, C 分别表示甲,乙,丙命中目标,试用 A, B, C 的运算关系表示下列事件:

A_0:"甲命中,乙和丙都没命中"为 $A\overline{B}\overline{C}$;

A_1:"至少有一人命中目标"为 $A \cup B \cup C$;

A_2:"恰有一人命中目标"为 $A\overline{B}\overline{C} + \overline{A}B\overline{C} + \overline{A}\overline{B}C$;

A_3:"恰有两人命中目标"为 $AB\overline{C} + \overline{A}BC + A\overline{B}C$;

A_4:"最多有一人命中目标"为 $\overline{B}\overline{C} \cup \overline{A}\overline{C} \cup \overline{A}\overline{B}$;

A_5:"三人都命中目标"为 ABC;

A_6:"三人均未命中目标"为 $\overline{A}\overline{B}\overline{C}$.

事件的表示不是唯一的.例 5 中事件 A_0,利用对偶律或事件的差也可表示为

$$A_0 = A(\overline{B \cup C}) = A - (B \cup C) = A - B - C.$$

1.2 随机事件的概率

1.2.1 概率的统计定义

人们经过长期的实践发现,虽然一个随机事件在某次试验或观察中可能发生也可能不发生,但在大量重复试验中,它发生的可能性大小却能呈现出某种规律性. 我们感兴趣的正是对这种规律性的探求.

1. 频率的稳定性

若事件 A 在 n 次试验中发生 n_A 次,则称 n_A 为事件 A 在这 n 次试验中发生的频数,称比值

$$f_n(A) = \frac{n_A}{n}$$

为事件 A 在这 n 次试验中发生的**频率**.

人们注意到,在多次抛掷一枚质地均匀的硬币时,出现正面这一随机事件的频率会接近 $1/2$. 当抛掷的次数 n 增加时,正面向上的频率,即正面出现的次数 k 与总的试验次数 n 之比 k/n 都在 $1/2$ 的左右. 这表明频率是随机的,事先无法确定,同时频率又稳定在一个常数附近.

频率偏离这个常数很大的可能性虽然存在,但是试验次数 n 越大,频率偏离这个常数的可能性越小. 也就是说:**随机事件的每一次观察结果都是偶然的,但是多次观察某个随机现象可以知道,在大量的偶然事件中存在着必然的规律.**

通过大量的试验可知,在重复试验的次数 n 充分大时,事件的频率总在一个固定数值 p 附近摆动,我们将这种特性称为**频率的稳定性**. 频率的稳定性是客观存在的,并且不断地被人们所证实. 例如,多年医学研究表明,出生婴儿性别的数量比约为男:女 $=1.06:1$;英语中字母 E, T, A 出现的频率要明显高于其他字母. 因此人们常用统计频率作为概率的近似值.

2. 概率的统计定义

定义 1 事件 A 出现的频率 $f_n(A)$ 随着重复试验的次数 n 的增大而稳定于某个常数 p,则称这个常数 p 为事件 A 发生的**概率**,记为 $P(A)$,即 $P(A) = p$.

由频率的稳定性可知,任一个事件 A 的概率是客观存在的. 但在实际问题中,常常不知道 $P(A)$ 的值,此时可取试验次数 n 足够大时 A 出现的频率 $f_n(A)$ 作为它的近似值. 这正是统计定义的优点.

事件发生的概率是事件出现的频率的稳定值,从而概率也应该具有与频率相应的几条性质.

性质 1 对任意事件 A,有 $0 \leqslant P(A) \leqslant 1$.

性质 2 $P(\Omega) = 1, P(\varnothing) = 0$.

性质 3 $P(A \cup B) = P(A) + P(B) - P(AB)$.

性质 4 $P(\overline{A}) = 1 - P(A)$.

性质 5 若 $A \subset B$，则 $P(A) \leqslant P(B)$，且 $P(B-A) = P(B) - P(A)$.

性质 3 称为概率的加法公式. 若 A, B 互不相容，则 $P(A \cup B) = P(A) + P(B)$. 下面将性质 3 推广到三个事件和的概率.

推论 1 设 A, B, C 为三个事件，则

$$P(A \cup B \cup C) = P(A) + P(B) + P(C) - P(AB) - P(BC) - P(AC) + P(ABC).$$

$$(1-1)$$

由 (1-1) 式可以得到：若 $A_1, A_2, \cdots, A_m$ 两两互不相容，则

$$P(A_1 + A_2 + \cdots + A_m) = P(A_1) + P(A_2) + \cdots + P(A_m),$$

这称为概率的**有限可加性**. 概率还具有**可列可加性**：若 $A_1, A_2, \cdots$ 是一列两两互不相容的事件，则

$$P(A_1 + A_2 + \cdots) = \sum_{i=1}^{\infty} P(A_i).$$

例 1 已知 $P(A) = 0.6, P(B) = 0.7, P(A \cup B) = 0.8$，求 $P(B-A), P(A-B)$.

解 由性质 3，$P(AB) = P(A) + P(B) - P(A \cup B) = 0.6 + 0.7 - 0.8 = 0.5$. 再由性质 5，有

$$P(B-A) = P(B-AB) = P(B) - P(AB) = 0.7 - 0.5 = 0.2,$$

$$P(A-B) = P(A-AB) = P(A) - P(AB) = 0.6 - 0.5 = 0.1.$$

1.2.2 古典概型

在概率论的发展史上，人们最早研究的随机试验是抛硬币、掷骰子之类的问题的概率计算. 这些试验有如下共同特点：

(1) 有限性：试验的全部可能的结果是有限个，样本空间是一个有限集，即

$$\Omega = \{\omega_1, \omega_2, \cdots, \omega_n\};$$

(2) 等可能性：每次试验中，各样本点出现的可能性相同，每个基本事件的概率相等，即

$$P(\omega_1) = P(\omega_2) = \cdots = P(\omega_n) = \frac{1}{n}.$$

我们称具有以上两个特点的随机试验为**古典概型**. 例如，掷一枚均匀的骰子，每一面出现的概率都是 $\frac{1}{6}$；一个口袋中有 n 个大小相同的球，从中任取一球，则每个球被取到的概率都是 $\frac{1}{n}$.

根据上述两个特点，定义古典概型中事件的概率如下：

定义 2 在古典概型中，若随机试验的样本空间 Ω 含有 n 个基本事件，事件 A 包含有 m 个基本事件，则称

$$P(A) = \frac{m}{n} = \frac{A \text{ 包含的基本事件总数}}{\text{基本事件总数}}$$

为事件 A 发生的概率.

定义 2 也称为概率的**古典定义**. 由此定义，只要知道样本空间所包含的基本事件总数和事件 A 中所包含的基本事件数，就能得到 A 发生的概率 $P(A)$.

例 2 有编号为 $1, 2, \cdots, 9$ 的 9 件同型号产品,

(1)从中任取 1 件,求取得产品编号为偶数的概率;

(2)从中任取 3 件,求 3 件中仅有 1 件的编号为偶数的概率.

解 (1)记 $A = \{$取得产品编号为偶数$\}$,则 A 中所包含的基本事件数 $m = 4$.样本空间 Ω 中所包含的基本事件总数 $n = 9$.于是

$$P(A) = \frac{m}{n} = \frac{4}{9}.$$

(2)记 $B = \{$所取 3 件中仅有 1 件的编号为偶数$\}$,从 9 件产品中,取得的任何 3 件都是 Ω 中的一个基本事件,故基本事件的总数为从 9 件中取 3 件的不同取法数,即为 $n = C_9^3$.这些不同的基本事件都处于相同的地位,发生的可能性相等.

由于从 4 件编号为偶数的产品中任取 1 件有 C_4^1 种取法,从 5 件编号为奇数的产品中任取 2 件有 C_5^2 种取法,故 B 所包含的基本事件数应为 $m = C_4^1 C_5^2$.所以

$$P(B) = \frac{m}{n} = \frac{C_4^1 C_5^2}{C_9^3} = \frac{10}{21}.$$

例 3 口袋中有 6 只大小相同的乒乓球,其中 4 只是白球,2 只是红球.从袋中任取 2 次,每次取 1 只,根据下面两种情况分别计算取得的 2 只球颜色相同的概率.

(1)有放回抽取,即第一次取 1 只观察其颜色后放回袋中,第二次再取 1 只;

(2)无放回抽取,即第一次取 1 只观察其颜色后不放回袋中,第二次从余下的球中取 1 只.

解 设 $A = \{$取得的 2 只球都是白球$\}$,$B = \{$取得的 2 只球都是红球$\}$,$C = \{$取得的 2 只球颜色相同$\}$.显然,$C = A \cup B$,并且 A, B 互不相容.

(1)有放回抽取情况.

第一次袋中有 6 只球可供抽取,抽取 1 只后放回,第二次也有 6 只球可抽取,故共有 6×6 种不同的取法,即基本事件总数为 $n = 36$,且每种取法都是等可能的.两次抽取时都有 4 只白球可供抽取,故共有 4×4 种不同的取法,即 A 中所包含的基本事件数应为 $m_A = 16$.同理,B 中所包含的基本事件数为 $m_B = 2 \times 2 = 4$.于是

$$P(A) = \frac{16}{36} = \frac{4}{9}, P(B) = \frac{4}{36} = \frac{1}{9}.$$

由于 $AB = \varnothing$,所以

$$P(C) = P(A + B) = P(A) + P(B) = \frac{5}{9}.$$

(2)无放回抽取情况.

第一次袋中有 6 只球可供抽取,抽到的 1 只不放回,从而第二次只有 5 只球可供抽取,基本事件总数为 $n = 6 \times 5 = 30$.同理,A 包含的基本事件数 $m_A = 4 \times 3 = 12$,B 包含的基本事件数为 $m_B = 2 \times 1 = 2$,于是

$$P(A) = \frac{12}{30} = \frac{6}{15}, P(B) = \frac{2}{30} = \frac{1}{15},$$

从而

$$P(C) = P(A + B) = P(A) + P(B) = \frac{7}{15}.$$

例 4 将 n 个球随机的放入 $N(n \leqslant N)$ 个盒子中去,设盒子的容量不限,求事件 $A = \{$每个盒子至多有一个球$\}$ 和 $B = \{$某个盒子至少有两个球$\}$ 发生的概率.

解 因为每个球都有 N 个盒子可供选择,所以 n 个球选择 N 个盒子的方式共有 N^n 种,它就是等可能的基本事件的总数.

(1)先从 N 个盒子中选出 n 个,有 C_N^n 种选法.对选定的 n 个盒子,n 个球各占一个的放法有 $n!$ 种,故 A 所包含的基本事件数为 $C_N^n n!$,从而

$$P(A) = \frac{C_N^n n!}{N^n} = \frac{N!}{N^n(N-n)!}.$$

(2)由于 N 个盒子放入球的情况只有两种:放入球的盒子或者至多一个球,或者不止一个球,即 $A + B = \Omega$,所以 B 是 A 的对立事件,即 $B = \overline{A}$. 由对立事件的概率公式得

$$P(B) = P(\overline{A}) = 1 - P(A) = 1 - \frac{N!}{N^n(N-n)!}.$$

此抽象模型对应许多实际问题.例如掷骰子 6 次,每次出现不同点数的概率为 $\frac{6!}{6^6} \approx$ 0.01543. 又如设每个人的生日在每一年的 365 天中的任一天是等可能的,即都等于 $\frac{1}{365}$,那么,随机选取 $n(n \leqslant 365)$ 个人,他们的生日各不相同的概率为

$$\frac{365 \cdot 364 \cdots (365 - n + 1)}{365^n}.$$

于是 n 个人中至少有两个人生日相同的概率

$$p = 1 - \frac{365 \cdot 364 \cdots (365 - n + 1)}{365^n}.$$

例 5(抽奖问题) 盒中有 n 张奖券,其中有 k 张有奖.现在有 n 个人依次各取一张,证明每个人抽得有奖奖券的概率都是 k/n.

证 n 个人依次各抽一张奖券,其中有 k 张有奖,其中第 j 个人抽到有奖奖券的取法可按如下方法计数:第 j 个位置上安排一张有奖奖券,有 k 种情形,而另外 $n-1$ 张奖券可在余下的 $n-1$ 个位置全排列,有 $(n-1)!$ 种排法,故第 j 个人抽得有奖奖券的取法为 $k(n-1)!$ 种,因此

$$p_j = \frac{(n-1)!k}{n!} = \frac{k}{n}, j = 1, 2, 3, \cdots, n,$$

即每个人抽到有奖奖券的概率都是 k/n.

1.2.3 几何概型

利用古典概型的概率定义虽然能有效地计算一些事件的概率,但它只适用于试验可能的结果有限且具有等可能性的情况,局限性较大.我们希望突破这种限制,扩大研究范围.下面考虑试验有无限多个基本事件和某种等可能性的情况.

定义 3 在平面上面积为 S_Ω 的区域 Ω 内进行任意投点的随机试验,如图 1—7 所示,若满足下列两个条件,则称这类随机试验的概率模型称为**几何概型**:

(1)所投的点可落在区域 Ω 内任何一点,但不可能落到 Ω 之外;

(2)所投的点落在区域 Ω 内的任何一点是等可能的,即点落入 Ω 中任何小区域 A 内的可能性与区域 A 的面积 S_A 成正比,而与区域 A 的形状和位置无关.

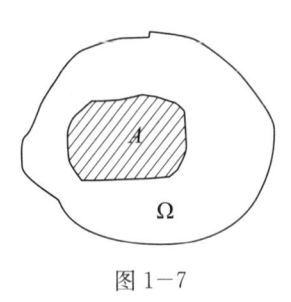

图 1-7

在几何概型中,由于所投点一定落在 Ω 之中,故 $P(\Omega)=1$. 设事件 $A=\{$点落入区域 $A\}$,由几何概率的条件(2)有 $P(A)=kS_A$,其中 k 为比例常数. 令 $A=\Omega$,于是 $kS_\Omega=P(\Omega)=1$,即 $k=1/S_\Omega$. 因此事件 A 发生的概率为

$$P(A) = \frac{S_A}{S_\Omega}. \qquad (1-2)$$

定义 3 的投点试验中,Ω 不一定是平面区域,它可以是任何 n 维空间中的某个可度量的区域. 这时(1-2)式中的面积 S_Ω 和 S_A 相应地改为 n 维空间中区域的度量. 例如,在一条线段上投点,则面积改为长度;向一个立方体内投点,则面积改为体积.

有很多实际问题都可以转化成某个可度量的区域投点的试验,从而由几何概型公式(1-2)式求解.

例 6 某车站每隔 5 分钟驶来一辆路线固定的公共汽车,求一个乘客随机来到该车站后等车时间不超过 2 分钟的概率.

解 记 $A=\{$乘客候车时间不超过 2 分钟$\}$. 由于乘客可在相邻的两辆车之间的任意一个时刻到达车站,乘客到达车站的时间 t 可以看成是投在长为 5 分钟的时间区间上的一个点. 设上一辆汽车于时刻 T_1 开出,而下一辆汽车时刻 T_2 到达,如图 1-8 所示. 线段 T_1T_2 的长度 $S_{T_1T_2}=5$,T 是 T_1T_2 上的一点,且 TT_2 的长度 $S_{TT_2}=2$,显然,乘客只有在时刻 T 之后到达,即只有将点投在线段 TT_2 上,等车时间才不会超过 2 分钟. 因此,按几何概型公式有

$$P(A) = \frac{S_{TT_2}}{S_{T_1T_2}} = \frac{2}{5}.$$

$T_1 \qquad\qquad\qquad T \qquad\qquad\qquad T_2$

图 1-8

例 7 甲,乙两人约定在中午 12 点到 13 点这段时间内在某处会面,并约定先到者应等候另一个人 15 分钟,过时即可离去. 求两个人能会面的概率.

解 令 $A=\{$二人能会面$\}$,以 x,y 分别表示二人到达约定地点的时刻是 12 点 x 分和 12 点 y 分,则

$$0 \leqslant x \leqslant 60, 0 \leqslant y \leqslant 60.$$

所有点 (x,y) 构成边长为 60 的正方形 Ω,如图 1-9 所示. 两人能会面的充要条件是

$$|x-y| \leqslant 15.$$

该条件对应图 1-9 中阴影部分的区域. 于是,二人能会面的充要条件是点 (x,y) 投入阴影

区域内.由(1-2)式,有

$$P(A) = \frac{S_A}{S_\Omega} = \frac{60^2 - 45^2}{60^2} = \frac{7}{16}.$$

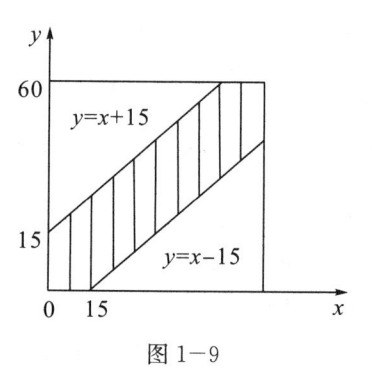

图 1-9

1.3　条件概率

1.3.1　条件概率

在自然界及人类的活动中,有许多事物是互相联系、互相影响的.在概率论中,除了要考虑事件 B 发生的概率 $P(B)$ 之外,有时还要考虑在事件 A 已经发生的条件下事件 B 发生的概率,我们记为 $P(B|A)$.一般而言,这两个概率是不相同的,请看下面的例子.

例1　箱中有同型号的产品 7 件,其中 4 件正品 3 件次品,无放回地抽取 2 次,每次取 1 件.

(1)求第二次取到次品的概率;

(2)已知第一次取到正品,求第二次取到次品的概率.

解　设 $A = \{$第一次取到正品$\}$,$B = \{$第二次取到次品$\}$.

(1)基本事件总数是从 7 件产品中任取 2 件的排列数 A_7^2,事件 B 发生相当于先从 3 件次品中取 1 件排在第二个位置,又由余下的 6 件产品中任取 1 件排在第一个位置,故 B 所包含的基本事件数为 $A_3^1 A_6^1$,从而

$$P(B) = \frac{A_3^1 A_6^1}{A_7^2} = \frac{3}{7}.$$

(2)已知第一次取到正品,余下的 6 件产品中仍有 3 件次品,此时取到次品的概率为 $3/6$,即

$$P(B|A) = \frac{3}{6} = \frac{1}{2}.$$

从例1得到,$P(B|A) \neq P(B)$.不等的原因是当事件 A 发生后,可供选择的样本点的范围缩小了,这时事件 B 发生的可能性会发生变化.下面我们从古典概型出发导出条件概率的定义.

设 Ω 所包含的基本事件总数为 n,A 与 AB 所包含的基本事件数分别为 n_A 与 n_{AB}.因为在 A 发生的条件下有 n_A 个基本事件发生,其中只有 AB 所包含的 n_{AB} 个基本事件有利

于 B 发生,所以

$$P(B \mid A) = \frac{n_{AB}}{n_A} = \frac{n_{AB}/n}{n_A/n} = \frac{P(AB)}{P(A)}.$$

由此出发,我们可以给出条件概率的一般定义.

定义 1 设 A,B 为同一随机试验中的两个事件,$P(A)>0$ 或 $P(B)>0$,称

$$P(B \mid A) = \frac{P(AB)}{P(A)}, (P(A) > 0) \tag{1-3}$$

为事件 A 发生的条件下事件 B 发生的概率,记为 $P(B \mid A)$;称

$$P(A \mid B) = \frac{P(AB)}{P(B)}, (P(B) > 0)$$

为事件 B 发生的条件下事件 A 发生的概率,记为 $P(A \mid B)$.

计算条件概率 $P(B \mid A)$ 有两种方法:

(1)在样本空间 Ω 的缩减样本空间中计算事件 B 发生的概率,求得 $P(B \mid A)$;

(2)在样本空间 Ω 中计算 $P(AB),P(A)$,再由关系式计算 $P(B \mid A)$.

例 2 已知一批产品中一、二、三等品各占 $60\%,30\%,10\%$,从中随意抽取一件,发现它不是三等品,求此件产品是一等品的概率.

解 设 A_i 表示"取出的产品是 i 等品",$i=1,2,3$,则 A_1,A_2,A_3 两两不相容.所求概率为

$$P(A_1 \mid (A_1 + A_2)) = \frac{P(A_1(A_1 + A_2))}{P(A_1 + A_2)} = \frac{P(A_1)}{P(A_1) + P(A_2)} = \frac{0.6}{0.6 + 0.3} = \frac{2}{3}$$

或

$$P(A_1 \mid \overline{A_3}) = \frac{P(A_1 \overline{A_3})}{P(\overline{A_3})} = \frac{P(A_1)}{P(\overline{A_3})} = \frac{0.6}{0.9} = \frac{2}{3}.$$

1.3.2 乘法公式

前面学习概率加法公式 $P(A+B) = P(A) + P(B) - P(AB)$ 时,没有讨论如何求 $P(AB)$.$(1-3)$ 式的条件概率公式启发我们,由 $P(A)$ 和 $P(B \mid A)$ 有

$$P(AB) = P(A)P(B \mid A), P(A) > 0. \tag{1-4}$$

同理

$$P(AB) = P(B)P(A \mid B), P(B) > 0. \tag{1-5}$$

$(1-4)$ 式和 $(1-5)$ 式称为**概率的乘法公式**.

例 3 盒中有 10 件同型产品,其中 8 件正品,2 件次品.现从中无放回地连续取 2 件,求两次都取得正品的概率.

解 设 $A=\{$第一次取到正品$\}$,$B=\{$第二次取到次品$\}$,则 $AB=\{$两次都取到正品$\}$,显然 $P(A)=8/10$.因为在第一次已取得正品的条件下,第二次取时盒中只剩 9 件产品,所以 $P(B \mid A)=7/9$.由乘法公式可得

$$P(AB) = P(A)P(B \mid A) = \frac{8}{10} \cdot \frac{7}{9} = \frac{28}{45}.$$

例 3 也可以用古典概型公式计算,注意到 AB 等价于"从 10 件产品中任取 2 件,2 件都是正品"的事件,由此得

$$P(AB) = \frac{C_8^2}{C_{10}^2} = \frac{28}{45}.$$

利用数学归纳法,将乘法公式推广到有限多个事件的情形:设 n 个事件 $A_1, A_2, \cdots, A_n$ 满足 $P(A_1 A_2 A_3 \cdots A_n) > 0$,则

$$P(A_1 A_2 A_3 \cdots A_n) = P(A_1) P(A_2 \mid A_1) P(A_3 \mid A_1 A_2) \cdots P(A_n \mid A_1 A_2 A_3 \cdots A_{n-1}).$$

当 $n = 3$ 时,

$$P(A_1 A_2 A_3) = P(A_1) P(A_2 \mid A_1) P(A_3 \mid A_1 A_2), P(A_1 A_2) > 0.$$

例 4　签筒中放有 10 支签,其中只有一支是"好"签. 10 人依次随机地从中取走一支,求第 $i(i = 1, 2, \cdots, 10)$ 个人抽得"好"签的概率.

解　设 $A_i = \{$第 i 人抽得"好"签$\}, i = 1, 2, \cdots, 10$. 于是

$$P(A_1) = \frac{1}{10}, P(A_2) = P(\overline{A_1} A_2) = P(\overline{A_1}) P(A_2 \mid \overline{A_1}) = \frac{9}{10} \cdot \frac{1}{9} = \frac{1}{10},$$

$$P(A_3) = P(\overline{A_1}\, \overline{A_2} A_3) = P(\overline{A_1}) P(\overline{A_2} \mid \overline{A_1}) P(A_3 \mid \overline{A_1}\, \overline{A_2}) = \frac{9}{10} \cdot \frac{8}{9} \cdot \frac{1}{8} = \frac{1}{10},$$

...

易知

$$P(A_{10}) = P(\overline{A_1}) P(\overline{A_2} \mid \overline{A_1}) \cdots P(\overline{A_9} \mid \overline{A_1} \cdots \overline{A_8}) P(A_{10} \mid \overline{A_1} \cdots \overline{A_9})$$

$$= \frac{9}{10} \cdot \frac{8}{9} \cdot \cdots \cdot \frac{1}{2} \cdot 1 = \frac{1}{10}.$$

结论表明抽到"好"签的概率与抽签顺序无关.

1.3.3　全概率公式与贝叶斯公式

在概率的计算中,我们常常希望通过已知的简单事件的概率求未知的复杂事件的概率. 为此,我们通常将一个复杂事件分解为若干个互不相容的简单事件的和,再用概率的可加性和乘法公式进行求解.

例 5　两个盒中装有同型号的乒乓球:第一盒中有正品 3 只和次品 2 只,第二盒中有正品 3 只和次品 1 只.若在两个盒中取球的概率相同,现任选一盒并从中取一球,问取到的球是次品的概率为多少?

解　设 $A = \{$取到的球为次品$\}, B_1 = \{$从第一盒中取球$\}, B_2 = \{$从第二盒中取球$\}$,则事件 A 包含了"从第一个盒中取球,且取得的球为次品"(AB_1)和"从第二盒中取球,且取得的球为次品"(AB_2)两个简单事件,即

$$A = AB_1 + AB_2.$$

由于 B_1 与 B_2 是对立事件,它们互不相容,因此 AB_1 与 AB_2 也互不相容,由概率的有限可加性有

$$P(A) = P(AB_1) + P(AB_2),$$

再由乘法公式得

$$P(A) = P(B_1) P(A \mid B_1) + P(B_2) P(A \mid B_2),$$

由题设易知 $P(B_1) = P(B_2) = \frac{1}{2}, P(A \mid B_1) = \frac{2}{5}, P(A \mid B_2) = \frac{1}{4}$,所以

$$P(A) = \frac{1}{2} \cdot \frac{2}{5} + \frac{1}{2} \cdot \frac{1}{4} = \frac{13}{40}.$$

例5计算 $P(A)$ 的过程中,先把 A 分解为 AB_1 与 AB_2 之和,形式上变复杂了,但实质上是把它分解成了两个较简单的互不相容的事件之和. 把这个方法一般化,得到下面的定理.

定理1（全概率公式） 若事件组 $B_1,B_2,\cdots,B_n$ 满足:

(1) $B_1,B_2,\cdots,B_n$ 两两互不相容,且 $P(B_i)>0,i=1,2,\cdots,n$,

(2) $B_1+B_2+\cdots+B_n=\Omega$,

则对任意事件 A,有

$$P(A)=\sum_{i=1}^{n}P(B_i)P(A\mid B_i).$$

证明 因为 $A=A\Omega=A(B_1+B_2+\cdots+B_n)=AB_1+AB_2+\cdots+AB_n$,而 $B_1,B_2,\cdots,B_n$ 两两互不相容,如图 $1-10$ 所示,所以 $AB_1,AB_2,\cdots,AB_n$ 也两两互不相容,故由概率的有限可加性和乘法公式得:

$$
\begin{aligned}
P(A) &= P(AB_1+AB_2+\cdots+AB_n) \\
&= P(B_1)P(A\mid B_1)+P(B_2)P(A\mid B_2)+\cdots+P(B_n)P(A\mid B_n) \\
&= \sum_{i=1}^{n}P(B_i)P(A\mid B_i).
\end{aligned}
$$

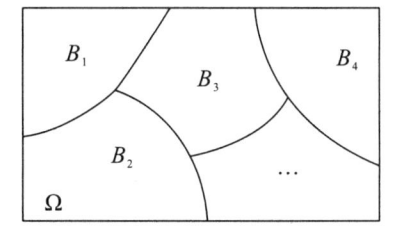

图 $1-10$

例6 某工厂有三条生产线同时生产同类产品,其中第一、第二和第三条生产线生产的产品分别占总产品的 $50\%,30\%,20\%$. 已知这三条生产线的次品率分别为 $1\%,2\%,4\%$. 现从该工厂生产的产品中任意取一件产品,问取到次品的概率是多少?

解 设事件 A_i 表示"取出的产品是第 i 条生产线生产的", $i=1,2,3$, B 表示"任意取出的一件产品是次品". 因为该工厂的所有产品都由这三条生产线生产,显然 $A_1+A_2+A_3=\Omega$ 且两两不相容. 所以 A_1,A_2,A_3 和 B 满足全概率公式的条件,由题意得

$$P(A_1)=0.5, P(A_2)=0.3, P(A_3)=0.2,$$
$$P(B\mid A_1)=0.01, P(B\mid A_2)=0.02, P(B\mid A_3)=0.04.$$

由全概率公式得到

$$P(B)=\sum_{i=1}^{3}P(A_i)P(B\mid A_i)=0.019,$$

即任意取出一件是次品的概率是 0.019.

在实际问题中还会碰到这样的一类问题:已知随机试验的某一个结果是由许多原因导致的,通过试验确实观察到这个结果,试问每一个原因导致这个结果的可能性有多大. 比如在例6中,如果知道取出的一个产品是次品,而导致这个结果的原因可能是第一条生产线生

产的,也可能是第二条生产线生产的,还有可能是第三条生产线生产的,人们希望知道这个次品出自每一条生产线的可能性有多大.类似这样的例子,在理论与实际中经常可以见到,解决这类问题的办法就是应用下述的定理.

定理 2(逆概率公式)　若事件组 $B_1,B_2,\cdots,B_n$ 满足:

(1)$B_1,B_2,\cdots,B_n$ 两两互不相容,且 $P(B_i)>0,i=1,2,\cdots,n$,

(2)$B_1+B_2+\cdots+B_n=\Omega$,

则对任意事件 A,有

$$P(B_j\mid A)=\frac{P(B_j)P(A\mid B_j)}{\sum_{i=1}^{n}P(B_i)P(A\mid B_i)},j=1,2,\cdots,n.$$

证明　由于 $P(B_j\mid A)=\dfrac{P(B_jA)}{P(A)},j=1,2,\cdots,n$,再由乘法公式和全概率公式即证得.

逆概率公式也称为**贝叶斯公式**.在应用全概率公式及贝叶斯公式时,常把 Ω 分解为 A 和 $\overline{A}$.

例 7　某台机器正常工作时生产合格品的概率95%,发生故障时生产合格品的概率为50%,而机器的无故障率为95%.某天上班时,工人生产的第一件产品是合格品,试问能以多大把握判断该机器是正常的?

解　设事件 A 表示机器正常,B 表示生产合格品,由题设有

$$P(A)=0.95,P(B\mid A)=0.95,P(B\mid\overline{A})=0.5.$$

由于 A 与 $\overline{A}$ 构成 Ω,由题意得

$$P(A\mid B)=\frac{P(A)P(B\mid A)}{P(A)P(B\mid A)+P(\overline{A})P(B\mid\overline{A})}=\frac{0.95\times0.95}{0.95\times0.95+0.05\times0.5}=97.3\%,$$

即能以97.3%的概率保证这天的机器是正常的.

1.4　事件的独立性

1.4.1　两个事件的独立性

在上一节我们看到,$P(B\mid A)$ 与 $P(B)$ 一般是不相等的,这表明事件 A 发生对事件 B 发生是有影响的.但在有些情况下,它们也可能相等,比如下面的例子.

例 1　箱中有同型号的产品7件,其中4件正品、3件次品,有放回地抽取2次,每次取1件,设 $A=\{$第一次取到正品$\}$,$B=\{$第二次取到次品$\}$,求 $P(B\mid A)$ 和 $P(B)$.

解　由于是有放回地抽取,A 是否发生都不影响 B 发生的概率,所以有

$$P(B\mid A)=P(B)=\frac{3}{7}.$$

一般地,如果 $P(B\mid A)=P(B)$ 就意味着事件 B 发生的概率不受"事件 A 已发生"这一条件的影响.此时概率的乘法公式 $P(AB)=P(A)P(B\mid A)$ 就有了更自然的形式 $P(AB)=P(A)P(B)$.由此启示我们引入一个在概率论中极为重要的概念.

定义 1　对于任意两个事件 A,B,若

$$P(AB)=P(A)P(B),\tag{1-6}$$

则称事件 A,B **相互独立**,简称 A 与 B **独立**.

显然,Ω 和 $\varnothing$ 与任何事件都满足(1-6)式,即

$$P(\Omega A) = P(\Omega)P(A), P(\varnothing A) = P(\varnothing)P(A).$$

事件的独立性在概率论的理论分析及实际应用中都十分重要. 但在实际应用时,我们通常是利用直觉和经验以及事件的实际背景来判定事件间的独立性. 比如,有放回地抽取两次的结果、两个元件的使用寿命、两个射手的命中情况等,一般都可认为是相互独立的.

相互独立的事件具有如下性质.

定理 1 若 A 与 B 相互独立,则 A 与 $\bar{B}$,$\bar{A}$ 与 B,$\bar{A}$ 与 $\bar{B}$ 分别相互独立.

证明 因为 A 与 B 相互独立,故 $P(AB) = P(A)P(B)$.

考虑到 $A = A\Omega = A(B + \bar{B}) = AB + A\bar{B}$,且 AB 与 $A\bar{B}$ 互不相容,有

$$P(A) = P(AB + A\bar{B}) = P(AB) + P(A\bar{B}),$$

所以

$$P(A\bar{B}) = P(A) - P(AB) = P(A) - P(A)P(B)$$
$$= P(A)[1 - P(B)] = P(A)P(\bar{B}).$$

因此 A 与 $\bar{B}$ 相互独立,再由对称性知 $\bar{A}$ 与 B 相互独立. 最后,由 A 与 $\bar{B}$ 相互独立的条件,利用上面证明的结果即可得 $\bar{A}$ 与 $\bar{B}$ 相互独立.

若 A 与 B,A 与 $\bar{B}$,$\bar{A}$ 与 B,$\bar{A}$ 与 $\bar{B}$ 四组事件中任意一组事件独立,则其余三组也是独立的.

例 2 若事件 A 与 B 互斥,且 $P(A) > 0$,$P(B) > 0$,求证 A 与 B 不相互独立.

证明 由 $AB = \varnothing$ 有 $P(AB) = 0 \neq P(A)P(B)$,故 A 与 B 不相互独立.

例 2 说明独立性与互斥性是两个不同的概念. 前者表示两事件互不影响,后者表示两者不能同时发生.

例 3 甲、乙两人独立地射击同一目标,他们击中目标的概率分别为 0.9 和 0.8. 现各射击一次,求目标被击中的概率.

解 设 $A = \{$甲击中目标$\}$,$B = \{$乙击中目标$\}$,则 $A \cup B = \{$目标被击中$\}$.

方法 1. 由题设知,A,B 相互独立,从而有 $P(AB) = P(A)P(B)$,故

$P(A \cup B) = P(A) + P(B) - P(AB)$
$$= P(A) + P(B) - P(A)P(B) = 0.9 + 0.8 - 0.9 \times 0.8 = 0.98.$$

方法 2. 由于 $\bar{A},\bar{B}$ 也相互独立,即有 $P(\bar{A}\bar{B}) = P(\bar{A})P(\bar{B})$,注意到 $\overline{A \cup B} = \bar{A}\bar{B}$,从而

$P(A \cup B) = 1 - P(\overline{A \cup B}) = 1 - P(\bar{A}\bar{B}) = 1 - P(\bar{A})P(\bar{B})$
$$= 1 - (1 - 0.9)(1 - 0.8) = 0.98.$$

1.4.2 多个事件的独立性

多个事件的独立性比两个事件的独立性涉及的条件要多,不是(1-6)式的简单类推.

定义 2 对于三个事件 A,B,C,若满足

$$\begin{cases} P(AB) = P(A)P(B), \\ P(BC) = P(B)P(C), \\ P(CA) = P(C)P(A), \\ P(ABC) = P(A)P(B)P(C), \end{cases}$$

则称 A,B,C 相互独立.

注意若 A,B,C 只满足此前三个等式,则称 A,B,C **两两独立**,但并不能由此推出第四个等式,即两两独立的三个事件不一定相互独立;若 A,B,C 仅满足第四等式,也不能由此推出前三个等式.总之,同时满足上述四个等式时,才称 A,B,C 相互独立.

定义 3　如果从 n 个事件 $A_1,A_2,\cdots,A_n$ 中任意取出 $k(2\leqslant k\leqslant n)$ 个事件 $A_{i_1},A_{i_2},\cdots,A_{i_k}$,若满足

$$P(A_{i_1}A_{i_2}\cdots A_{i_k})=P(A_{i_1})P(A_{i_2})\cdots P(A_{i_k}),\tag{1-7}$$

其中 $1\leqslant i_1<i_2<\cdots<i_k\leqslant n$,则称 $A_1,A_2,\cdots,A_n$ **相互独立**.

通常,我们按照实际经验来判定 n 个事件相互独立.当知道 $A_1,A_2,\cdots,A_n$ 相互独立时,(1-7)式即可作为其性质用来计算相应的概率.若 $A_1,A_2,\cdots,A_n$ 相互独立,则将其中任意 $m(1\leqslant m\leqslant n)$ 个事件换成对立事件,它们仍相互独立.

例 4　已知甲、乙、丙三种产品的正品率分别为 $0.7,0.8,0.9$,现从每种产品中各取一件进行检验.

(1)求抽取的产品中只有 2 件正品的概率;

(2)求抽取的产品中至少有 1 件正品的概率.

解　设 $A_i=\{$第 i 种产品是正品$\}$,$i=1,2,3$.$A=\{$只有 2 件正品$\}$,$B=\{$至少有 1 件正品$\}$,显然,每件产品正品与否互不影响,即 A_1,A_2,A_3 相互独立.

(1)由于 $A=A_1A_2\overline{A_3}+A_1\overline{A_2}A_3+\overline{A_1}A_2A_3$,由概率的加法公式和事件的独立性有

$$P(A)=P(A_1A_2\overline{A_3})+P(A_1\overline{A_2}A_3)+P(\overline{A_1}A_2A_3)$$
$$=P(A_1)P(A_2)P(\overline{A_3})+P(A_1)P(\overline{A_2})P(A_3)+P(\overline{A_1})P(A_2)P(A_3)$$
$$=0.7\times0.8\times(1-0.9)+0.7\times(1-0.8)\times0.9+(1-0.7)\times0.8\times0.9=0.398.$$

(2)由于 $\overline{B}=\overline{A_1}\,\overline{A_2}\,\overline{A_3}=\{$全是次品$\}$,

$$P(\overline{B})=P(\overline{A_1}\,\overline{A_2}\,\overline{A_3})=P(\overline{A_1})P(\overline{A_2})P(\overline{A_3})=(1-0.7)(1-0.8)(1-0.9)=0.006,$$

故 $P(B)=1-P(\overline{B})=1-0.006=0.994.$

例 5　设有 n 个人向保险公司购买保险期限为 1 年的人身意外保险,假定投保人在一年内发生意外为 0.01.

(1)求保险公司赔付的概率;

(2)当 n 为多大时,赔付的概率超过 0.5?

解　(1)记 $A_i=\{$第 i 个投保人出现意外$\}$,$(i=1,2,\cdots,n)$;$A=\{$保险公司赔付$\}$,由实际问题可知,$A_1,A_2,\cdots,A_n$ 相互独立且 $A=\bigcup\limits_{i=1}^{n}A_i$,又 $\overline{A}=\overline{A_1\cup A_2\cup\cdots\cup A_n}=\overline{A_1}\,\overline{A_2}\cdots\overline{A_n}$,而 $\overline{A_1},\overline{A_2},\cdots,\overline{A_n}$ 相互独立,所以

$$P(A)=1-P\left(\overline{\bigcup\limits_{i=1}^{n}A_i}\right)=1-\prod\limits_{i=1}^{n}P(\overline{A_i})=1-0.99^n.$$

(2)由 $P(A)\geqslant0.5$ 有

$$1-(0.99)^n\geqslant0.5,$$

由此得 $n\geqslant\dfrac{\lg 2}{2-\lg 99}\approx68.97$,故当投保人数 $n\geqslant69$ 时,保险公司有大于 50% 的概率赔付.

1.5 独立重复试验概型

我们知道,随机现象是在大量重复试验下呈现其统计规律的,因此,对于多次重复试验的讨论就显得特别重要. 在进行 n 次重复试验时,会遇到这样的情况:在每次试验中,任一个事件的概率与其他各次试验的结果无关,这时我们称这 n 次试验是**独立**的,或称它们是 n **次独立重复试验**. 独立重复试验的概率问题称为**独立重复试验概型**.

只有事件 A 和 $\overline{A}$ 两种结果的独立重复试验概型又称为伯努利概型. 在独立重复试验概型中,基本事件的概率可以直接计算出来,它与古典概型的不同在于它的基本事件不一定是等概率的.

先看一个可用古典概型方法解决的例子.

例 1 某射手射击 1 次,击中目标的概率 $p=0.9$,现该射手连续射击 4 次,问恰好击中 3 次的概率是多少?

解 此问题为 4 次独立重复试验. 设 $A_i=\{$第 i 次射击击中目标$\},i=1,2,3,4,$ 则

$$\overline{A_i}=\{\text{第 } i \text{ 次射击未击中目标}\}.$$

由题设有 $P(A_i)=p=0.9,P(\overline{A_i})=1-p=1-0.9.$ 而 4 次射击击中 3 次共有 $C_4^3=4$ 种情况:$A_1A_2A_3\overline{A_4},A_1A_2\overline{A_3}A_4,A_1\overline{A_2}A_3A_4,\overline{A_1}A_2A_3A_4.$ 由于各次射击相互独立,第一种情况的概率

$$P(A_1A_2A_3\overline{A_4})=P(A_1)P(A_2)P(A_3)P(\overline{A_4})=p^3(1-p)=0.9^3\cdot(1-0.9)^{4-3}.$$

同理

$$P(A_1A_2\overline{A_3}A_4)=P(A_1\overline{A_2}A_3A_4)=P(\overline{A_1}A_2A_3A_4)=p^3(1-p)=0.9^3\cdot(1-0.9)^{4-3}.$$

由于以上 4 种情况是互不相容的,得到

$$P(A_1A_2A_3\overline{A_4})+P(A_1A_2\overline{A_3}A_4)+P(A_1\overline{A_2}A_3A_4)+P(\overline{A_1}A_2A_3A_4)$$
$$=C_4^3\cdot0.9^3\cdot(1-0.9)^{4-3}\approx0.2916.$$

定理 1 若在一次试验中事件 A 发生的概率为 p,则在 n 次独立重复试验中,事件 A 恰好发生 k 次的概率为

$$P_n(k)=C_n^kp^kq^{n-k},q=1-p,k=1,2,\cdots,n. \tag{1-8}$$

证明 设 $B=\{n$ 次试验中 A 恰好发生 k 次$\},A_i=\{$第 i 次试验时 A 发生$\},i=1,2,\cdots,n,$ 则 $\overline{A_i}=\{$第 i 次试验时 A 未发生$\},$且构成 B 的试验结果共有 $m=C_n^k$ 个,分别记为

$$B_1=A_1\cdots A_k\overline{A_{k+1}}\cdots\overline{A_n},\cdots,B_m=\overline{A_1}\cdots\overline{A_{n-k}}A_{n-k+1}\cdots A_n,$$

它们互不相容,且每个结果中 A 出现的次数都为 k,A 未出现的次数都为 $n-k$,从而由独立性知

$$P(B_1)=P(B_2)=\cdots=P(B_m)=p^kq^{n-k},q=1-p,$$

再由概率的可加性,得

$$P_n(k)=P(B)=P(B_1+B_2+\cdots+B_m)=P(B_1)+P(B_2)+\cdots+P(B_m)$$
$$=mp^kq^{n-k}=C_n^kp^kq^{n-k},$$

其中 $k=1,2,\cdots,n,q=1-p.$

例 2 某机床生产的产品中次品率为 0.01. 现有 100 件产品,则恰好有 1 件次品的概率

和至少有 1 件次品的概率分别是多少?

解　问题可看作是 100 次独立重复试验,事件 A "出次品" 在每次试验中出现的概率为 0.01. 于是,恰有 1 件次品的概率为

$$P_{100}(1) = C_{100}^1 (0.01)^1 (1 - 0.01)^{99} = (1 - 0.01)^{99} \approx 0.370.$$

没有次品的概率为

$$P_{100}(0) = C_{100}^0 (0.01)^0 (1 - 0.01)^{100} \approx 0.366,$$

于是至少有 1 件次品的概率为

$$P = \sum_{k=1}^{100} P_{100}(k) = 1 - P_{100}(0) \approx 0.634.$$

当 n 很大时,计算 $P_n(k)$ 是很麻烦的,在下一章我们将介绍计算 $P_n(k)$ 的简便近似公式.

例 3　某车间有 10 台同类型的机床,每台机床配备的电动机功率为 10 千瓦. 已知每台机床工作时,平均每小时实际开动 12 分钟,且各机床开动与否是相互独立的. 现因当地电力供应紧张,供电部门只提供 50 千瓦的电力给这 10 台机床,问这 10 台机床能正常工作的概率为多大?

解　50 千瓦的电力可同时供给 5 台机床开动,因而 10 台机床中同时开动的台数不超过 5 台时都可以正常工作. 令

$$B_k = \{10 台机床中同时开动 k 台\}, 0 \leqslant k \leqslant 10,$$

每台机床 "开动" 与 "不开动" 的概率分别为

$$p = \frac{12}{60} = 0.2, q = 1 - p = 0.8.$$

从而 $P(B_k) = P_{10}(k) = C_{10}^k 0.2^k 0.8^{10-k}, 0 \leqslant k \leqslant 5$. 于是,同时开动着的机床数不超过 5 台的概率为

$$P = \sum_{k=1}^5 P(B_k) = \sum_{k=0}^5 P_{10}(k) = \sum_{k=0}^5 C_{10}^k 0.2^k 0.8^{10-k} \approx 0.994.$$

由此可知这 10 台机床能正常工作的概率为 0.994. 于是不能正常工作的概率仅为 0.006,相当于在一个工作班的 8 小时内,不能正常工作的时间只有 $480 \times 0.006 \approx 2.88$ 分钟. 也就是说,这 10 台机床的工作基本不受电力供应的影响.

发生的可能性很小的随机事件称为**小概率事件**. 人们在长期的实践中发现:小概率事件在一次试验中几乎是不会发生的. 这个结论通常称为**小概率原理**,在实际推断中我们经常用到这个原理.

习题 1

1. 写出下列随机试验的样本空间.

(1) 将一枚硬币连续掷两次,观察正面出现的情况;

(2) 10 只同样的产品中有 3 只是次品,每次从中任取 1 只,取出后不放回,直到将 3 只次品都取出,记录抽取的次数;

(3) 一射手向目标射击,直到命中为止,记录射击的次数.

2. 袋内有 7 个白球和 3 个红球,不放回的任取 3 次,每次取一个球,给出样本空间.

3. 设 A,B,C 是 Ω 中的三个事件,试用运算关系表示下列事件:

(1) A 与 B 发生而 C 不发生;

(2) A 与 B 至少发生一个且 C 不发生;

(3) A,B,C 至少发生两个;

(4) A,B,C 不多于一个发生;

(5) A,B,C 中不多于两个发生.

4. 向指定目标射击 4 次,事件 $A_i=\{$第 i 次击中目标$\}$, $i=1,2,3,4$. 用 A_i 表示下列事件:

(1) 没有一次击中;

(2) 至少有一次击中;

(3) 只有一次击中;

(4) 至少有三次击中;

(5) 恰有三次没击中.

5. 事件 A,B 对立与互不相容有何异同? 事件 A,B,C 互不相容是否等同于 $ABC=\varnothing$?

6. 已知 $P(A)=p$, $P(B)=q$, $P(A+B)=r$,求 $P(AB)$, $P(\overline{A}B)$, $P(A\overline{B})$, $P(\overline{A}\,\overline{B})$, $P(A\overline{B})$.

7. 已知 $P(A)=0.6$, $P(B)=0.7$. 问在什么条件下 $P(AB)$ 取得最大值和最小值? 最大值和最小值各为多少?

8. 已知 A,B 的概率满足 $P(A)=P(\overline{B})$,试证 $P(AB)=P(\overline{A}\,\overline{B})$.

9. 在一批 N 个产品中,有 M 个次品,从这批产品中任意抽取 n 个产品,求其中恰有 m $(m\leqslant\min(M,n))$ 个次品的概率.

10. 一袋中有同型号的产品,其中 9 件正品、3 件次品,从中任取 5 件.

(1) 求没有次品的概率;

(2) 求至少有 1 件次品的概率;

(3) 求至少有 2 件次品的概率.

11. 已知同样形状的 $n(n\geqslant3)$ 张彩票中仅 1 张有奖品,n 个人依次不放回地各抽取 1 张.

(1) 求第 3 个人抽到有奖品彩票的概率;

(2) 求前 3 人抽到有奖品彩票的概率.

12. 掷两颗骰子,它们每个出现点数 1,2,3,4,5,6 都是等可能的. (1) 求两颗骰子出现的点数不同的概率;(2) 求两颗骰子出现的点数之和等于 5 的概率.

13. 在 $\triangle ABC$ 中任取一点 D,求事件"$\triangle ABD$ 与 $\triangle ABC$ 的面积之比大于 $2/3$"的概率.

14. 两个人约定于 7 点到 8 点在某地会面,试求一人要等另一人半小时以上的概率.

15. 在一张画有大小相同的正方形格子的纸上,抛掷一枚直径为 d 的硬币,问方格的边长 a 要多小才能与格子线不相交的概率小于 $1/100$?

16. 从 $(0,1)$ 中随机地取出两个数,试求两数之和小于 $6/5$ 的概率.

17. 将一枚均匀的硬币连掷 3 次,在已知其中 1 次出现正面的条件下,求至少掷出 1 次反面的概率.

18. 在 $1,2,\cdots,10$ 这 10 个数中随机抽取一数,令 $A=\{$取到的数大于 $4\}$,$B=\{$取到的数小于 $8\}$,试求 $P(B|A)$,$P(A|B)$.

19. 袋中有 5 个球,其中 3 个红球,2 个白球,无放回地抽取 2 次,每次 1 个,若已知第一次取到白球,求第二次取到红球的概率.

20. 设 10 件同样的产品中有 8 件合格品,分别用不放回和有放回方法抽取 2 次,每次 1 件,求 2 件都是合格品的概率.

21. 一批同型号的晶体管共 100 只,其中 10 只是次品,每一次从中任取 1 只,取出后不放回,求第三次才取到正品的概率.

22. 袋中有同型号的 5 个黑球和 4 个白球,从中随机取出 1 个然后放回,并同时加进与取出的球同色的球 2 个,再取出 1 个,求所取出两球都是白球的概率.

23. 某仓库中混合装有甲、乙、丙三种小麦种,它们所占的数量比例分别为 25%,35%,40%,不能发芽的概率依次为 5%,4%,2%.从中任取一粒小麦种子,问它不能发芽的概率是多少?

24. 某仓库中有同样规格的产品 6 箱,其中 3 箱是甲厂生产的,2 箱是乙厂生产的,1 箱是丙厂生产的,且这三个厂的次品率分别为 $1/10$,$1/15$,$1/20$.现从这 6 箱中任取 1 箱,再从此箱中任取一件.

(1)求所取的这件是次品的概率;

(2)已知取得的这一件是次品,试求取得的次品是丙厂所生产的概率.

25. 盒中放有 12 个乒乓球,其中 9 个是新的.第一次比赛时,从中任取 3 个,比赛后放回盒中,第二次比赛时再从盒中任取 3 个.

(1)求第二次取出的都是新球的概率;

(2)若已知第二次取出的球都是新的,试求第一次取出的都是新球的概率.

26. 已知事件 A,B 相互独立,$P(A)=3/4$,$P(B)=1/3$,求 $P(A\bar{B})$,$P(\bar{A}\cup B)$.

27. 已知 $P(A)=a$,$P(B)=0.3$,$P(\bar{A}\cup B)=0.7$.分别在事件 A 与 B 互不相容或相互独立的情况下求 a.

28. 设事件 A,B 相互独立,$P(A)=\alpha$,$P(B)=\beta$,求 $P(A\cup B)$,$P(A\cup\bar{B})$,$P(\bar{A}\cup\bar{B})$.

29. 三个学生独立地各投一次篮球,他们进球的概率分别为 $0.4,0.5,0.7$.试问只有 1 人进球的概率.

30. 加工某一零件,需经过四道工序,设第一、二、三、四道工序的次品率分别为 2%,3%,4%,5%,假定各道工序是互不影响的,求加工出来的零件的次品率.

31. 每次射击的命中率均为 0.6,必须进行多少次独立射击,才能使至少击中目标一次的概率不小于 0.99?

32. 抛掷 5 个硬币,求出现 2 个正面的概率.

33. 某工人一天生产的产品中次品率为 0.2,求在 4 天中发生下列事件的概率:

(1)仅有 2 天出现次品;

(2)第一天出现次品而其余三天未出现次品;

(3)至少有一天出现次品.

34. 在 3 次独立重复试验中,若事件 A 至少出现一次的概率为 $63/64$,求事件 A 在一次试验中出现的概率.

35. 甲、乙两名棋手比赛，每局取胜的概率各人都为 0.5，假定没有和棋，问一名棋手在 4 局中胜两局或六局中胜三局的概率哪种较大，大多少？

36. 一质点沿 x 轴作随机徘徊，每秒钟移动一次，每次移动一单位长. 向右移动的概率为 0.6，向左移动的概率为 0.4. 如果质点开始位于原点，问第 8 秒钟时在坐标 4 处的概率.

第 2 章　随机变量及其概率分布

第 1 章中,我们在一些具体的随机试验的基础上,给出了随机试验样本空间的概念,研究了随机事件及其概率.本章中,我们将引进概率论中的一个最基本的概念——随机变量.随机变量的引进和研究是概率论发展中的重大事件,它使概率论的研究从事件演变为随机变量,有利于用微积分等高等数学工具来进行研究和处理,从而可以更全面地研究随机试验的结果,揭示客观存在的统计规律.

2.1　随机变量

为了研究随机试验的结果,我们将随机试验的结果与实数对应起来,将试验的结果数量化,引入随机变量的概念.

定义 1　设 Ω 为某一随机试验的样本空间,如果对于每一个样本点 $\omega \in \Omega$,有一个实数 $X(\omega)$ 与之对应,这样就定义了一个定义域为 Ω 的实值函数 $X = X(\omega)$,称之为随机变量.

通常,我们用 X, Y, Z 等表示随机变量.若 X 是一个随机变量,它的定义域为样本空间,自变量为样本点;X 的取值有随机性,在未做试验之前,我们并不知道此次试验会出现哪个样本点,因此也不知道 X 取值为哪个实数.

例 1　袋中有 4 个相同的球,它们的编号分别为 1, 2, 3, 4.从中任取一球,观察它的编号.

解　记 X 表示所取球的编号数.显然,X 只可能取 1, 2, 3, 4 这 4 个不同的值,而每次试验 X 取什么值将依赖于试验的结果.若令 $\omega_i = \{$取到编号为 i 的球$\}, i = 1, 2, 3, 4$,则与每个结果相对应的 X 的取值为 $X(\omega_i) = i, i = 1, 2, 3, 4$.于是事件"取到编号为 2 的球"表示为 $\{X = 2\}$,相应的概率可表示为 $P\{X = 2\}$.

例 2　某射手每次射击命中的概率为 $p(0 < p < 1)$,现在连续向一目标射击直到第一次命中目标为止,记录其射击次数.

解　记 X 表示射击的次数.显然,X 可取的值为 1, 2, 3, ….记 $\omega_k = \{$第 k 次射击时才命中目标$\}, k = 1, 2, \cdots$,则与每个结果相对应的 X 的取值为 $X(\omega_k) = k, k = 1, 2, \cdots$.于是事件"第 5 次射击时才命中目标"表示为 $\{X = 5\}$,相应的概率可表示为 $P\{X = 5\}$.

例 3　掷一枚均匀的硬币,观察它出现正面还是反面.

解　令 $\omega_1 = \{$出现正面$\}, \omega_2 = \{$出现反面$\}$.如果我们约定出现正面时取值 1,出现反面时取值 0,即 $X(\omega_1) = 1, X(\omega_2) = 0$.于是出现正面的概率表示为 $P\{X = 1\}$,出现反面的概率为 $P\{X = 0\}$.

例 4　记录某电话传呼台一小时内收到的呼叫数,设 X 表示"一小时内传呼台收到的呼叫数",则 X 可能的取值为 0, 1, 2…. 事件"呼叫次数超过 20 次"表示为 $\{X > 20\}$,概率为 $P\{X > 20\}$.

例5 记录炮弹的弹着点到靶心的距离,设 X 表示"弹着点到靶心的距离",则事件"到靶心距离在 0.5 到 3 米之间"表示为 $\{0.5 \leqslant X \leqslant 3\}$,概率为 $P\{0.5 \leqslant X \leqslant 3\}$.

从上述例子可以看到,随机事件可用随机变量的某个取值或某些取值所满足的等式或不等式来描述,从而随机事件的概率就可以表示为随机变量取不同值的概率.

对于随机变量,可以按取值情况进行分类.在本书中只讨论常见的两大类型:离散型随机变量和连续型随机变量.

2.2 离散型随机变量及其分布律

2.2.1 一维离散型随机变量的分布律

定义1 全部可能取值是有限个或可列个的随机变量称为离散型随机变量.

离散型随机变量的取值可以一一列举出来.如果随机变量的取值不能一一列举出来,则称为非离散型随机变量.例如,测量的误差、元件的寿命、河流的水位等都是非离散型随机变量.

在讨论一个随机试验的时候,我们不仅关心会出现那些可能的结果,更关注出现这些结果的概率.因此,对一个随机变量,我们不仅要了解它可能的取值,更要关注它取这些值的概率.

定义2 设离散型随机变量 X 的所有可能取值为 $x_1, x_2, \cdots$,取这些值对应的概率为 $p_1, p_2, \cdots$,即

$$P\{X = x_k\} = p_k, k = 1, 2, \cdots, \qquad (2-1)$$

则称(2-1)式为随机变量 X 的概率分布或分布律(列),简称分布,可以表示为如下形式

X	x_1	x_2	$\cdots$	x_k	$\cdots$
P	p_1	p_2	$\cdots$	p_k	$\cdots$

由概率的非负性和可加性易知,任何离散型随机变量的分布律都具有下面两条性质:

(1) $p_k \geqslant 0, k = 1, 2, \cdots$;

(2) $\sum\limits_{k} p_k = 1$.

具有上面两条性质的 $p_k (k = 1, 2, \cdots)$ 一定可以作为某个离散型随机变量的分布律.

例1 某系统有两台机器相互独立运转.设第一台与第二台机器发生故障的概率分别为 0.1,0.2,用 X 表示系统中发生故障的机器数,求 X 的分布律.

解 设 A_i 表示事件"第 i 台机器发生故障",$i = 1, 2$,则

$P\{X = 0\} = P(\overline{A_1} \overline{A_2}) = 0.9 \times 0.8 = 0.72$,

$P\{X = 1\} = P(A_1 \overline{A_2}) + P(\overline{A_1} A_2) = 0.1 \times 0.8 + 0.9 \times 0.2 = 0.26$,

$P\{X = 2\} = P(A_1 A_2) = 0.1 \times 0.2 = 0.02$.

于是分布律为

X	0	1	2
P	0.72	0.26	0.02

2.2.2　几种常用的离散型随机变量的分布

1. 两点分布

若随机变量 X 只能取 0 和 1 这两个值,并且分布律为
$$P\{X=1\}=p, P\{X=0\}=1-p, (0<p<1),$$
则称 X 服从参数为 p 的两点分布或(0−1)分布.上述分布律可以写成
$$P\{X=k\}=p^k(1-p)^{1-k}, (k=0,1 \text{ 且 } 0<p<1),$$
或

X	0	1
P	$1-p$	p

例 2　已知 100 件同样的产品中有 90 件正品和 10 件次品,现从中随机抽取一件,用 X 表示"取到的正品数",即
$$X=\begin{cases}0, & \text{当取到次品时,} \\ 1, & \text{当取到正品时,}\end{cases}$$
求 X 的分布律.

解　X 的分布律为
$$P\{X=0\}=\frac{10}{100}=0.1, P\{X=1\}=\frac{90}{100}=0.9.$$

对于一个随机试验,如果它的样本空间只包含两个元素,即 $\Omega=\{\omega_1,\omega_2\}$,我们总能定义一个服从两点分布的随机变量
$$X=X(\omega)=\begin{cases}0, & \omega=\omega_1, \\ 1, & \omega=\omega_2.\end{cases}$$

2. 二项分布

若随机变量的 X 分布律为
$$P\{X=k\}=C_n^k p^k(1-p)^{n-k}, k=0,1,2,\cdots,n,$$
则称 X 服从参数为 n,p 的二项分布,记为 $X\sim B(n,p)$,其中 n 是独立重复的试验次数,X 为事件 A 发生的总次数,p 是每次试验中 A 发生的概率,满足 $0<p<1$. 当 $n=1$ 时,二项分布即为两点分布,记为 $B(1,p)$.

通常记 $q=1-p$,则有
$$P\{X=k\}=C_n^k p^k q^{n-k}, k=0,1,2,\cdots,n.$$
它是二项式 $(p+q)^n$ 展开式中的第 $k+1$ 项,这是二项分布名称的由来.

二项分布具有分布律的两条性质:

(1)$P\{X=k\}=C_n^k p^k q^{n-k}>0, k=0,1,2,\cdots,n;$

(2)$\sum\limits_{k=0}^{n}P\{X=k\}=\sum\limits_{k=0}^{n}C_n^k p^k q^{n-k}=(p+q)^n=1.$

显然,二项分布中计算概率 $P\{X=k\}$ 的公式与 n 次独立重复试验中事件 A 发生 k 次的概率 $P_n(k)$ 是相同的.

3. 泊松分布

若随机变量的分布律为

$$P\{X=k\}=\frac{\lambda^k}{k!}\mathrm{e}^{-\lambda}, k=0,1,2,\cdots, \lambda>0,$$

则称 X 服从参数为 λ 的泊松分布.

容易验证它满足分布律的两条性质:

(1) $P\{X=k\}=\dfrac{\lambda^k}{k!}\mathrm{e}^{-\lambda}>0, k=0,1,2,\cdots, \lambda>0$;

(2) $\sum\limits_{k=0}^{\infty}P\{X=k\}=\sum\limits_{k=0}^{\infty}\dfrac{\lambda^k}{k!}\mathrm{e}^{-\lambda}=\mathrm{e}^{\lambda}\cdot\mathrm{e}^{-\lambda}=1$.

经过人们观察发现,有不少的随机变量都近似地服从泊松分布.例如,电话局在一段时间内收到用户的呼唤次数;车站在单位时间内到达的乘客数;纺纱机在一天内中出现的断头次数;放射物质在某段时间内放射的粒子数;某路口一月内发生车祸的次数;一定量的粮食种子中含的杂草种子数;一年内发生的洪水的次数等.

下面的定理告诉我们,泊松分布可用作二项分布的近似计算.

定理 1（泊松定理） 在 n 次独立重复试验中,事件 A 在一次试验中出现的概率为 p_n,当 $n\to\infty$ 时,有 $np_n\to\lambda$（$\lambda>0$ 为常数）,则

$$\lim_{n\to\infty}C_n^k p_n^k(1-p_n)^{n-k}=\frac{\lambda^k}{k!}\mathrm{e}^{-\lambda}, k=0,1,2,\cdots.$$

证明 记 $np_n=\lambda_n$,则

$$C_n^k p_n^k(1-p_n)^{n-k}=\frac{n(n-1)\cdots(n-k+1)}{k!}\cdot\left(\frac{\lambda_n}{n}\right)^k\left(1-\frac{\lambda_n}{n}\right)^{n-k}$$

$$=\frac{\lambda_n^k}{k!}\left(1-\frac{1}{n}\right)\left(1-\frac{2}{n}\right)\cdots\left(1-\frac{k-1}{n}\right)\left(1-\frac{\lambda_n}{n}\right)^{n-k}.$$

对任意固定的 k,由

$$\lim_{n\to\infty}\lambda_n^k=\lambda^k, \lim_{n\to\infty}\left(1-\frac{1}{n}\right)\left(1-\frac{2}{n}\right)\cdots\left(1-\frac{k-1}{n}\right)=1,$$

$$\lim_{n\to\infty}\left(1-\frac{\lambda_n}{n}\right)^{n-k}=\lim_{n\to\infty}\left[\left(1-\frac{\lambda_n}{n}\right)^{-n/\lambda_n}\right]^{-\lambda_n}\left(1-\frac{\lambda_n}{n}\right)^{-k}=\mathrm{e}^{-\lambda},$$

得到 $\lim\limits_{n\to\infty}C_n^k p_n^k(1-p_n)^{n-k}=\dfrac{\lambda^k}{k!}\mathrm{e}^{-\lambda}, k=0,1,2,\cdots.$

由定理 1 知,当 n 充分大时,令 $\lambda=np$,则有如下的泊松近似公式:

$$C_n^k p^k(1-p)^{n-k}\approx\frac{\lambda^k}{k!}\mathrm{e}^{-\lambda}, k=0,1,2,\cdots, \lambda=np.$$

泊松分布的值可以从附表 2 查找.在实际计算中,若 $X\sim B(n,p)$,当 $n\geqslant10, p\leqslant0.1$ 时可用泊松分布近似计算其概率,当 $n\geqslant100, np\leqslant10$ 时,效果更佳.

例 3 现有一批次品率为 2% 的产品,从中随机地抽取 100 个样品,求样品中次品数 X 的分布律.

解 显然 $X\sim B(100,0.02)$,X 的分布律为

$$P\{X = k\} = C_{100}^{k}(0.02)^{k}(1 - 0.02)^{100-k}, k = 0, 1, \cdots, 100.$$

由于 $n = 100$ 较大，$np = 100 \times 0.02 = 2$，根据泊松定理有 $X \sim P(2)$. 于是

$$P\{X = k\} \approx \frac{2^k}{k!} e^{-2}, k = 0, 1, \cdots, 100.$$

计算结果列表如下：

X	0	1	2	3	4	5	$\cdots$
$B(100, 0.02)$	0.1326	0.2707	0.2734	0.1823	0.0902	0.0353	$\cdots$
$P(2)$	0.1353	0.2707	0.2707	0.1804	0.0902	0.0361	$\cdots$

由此可见，两者的近似程度较好.

例 4　某地区有 2500 人参加人寿保险，每人在年初向保险公司交付保险费 12 元. 若在这一年内投保人死亡，则由其家属从保险公司领取 2000 元. 设该地区人口死亡率为 0.002，求保险公司获利不少于 10000 元的概率.

解　设 X 表示"投保人中死亡的人数"，由题设知 $X \sim B(2500, 0.002)$. 若投保人中有 X 人死亡，则保险公司将付出 $2000X$ 元，而这一年公司收入保险费 $12 \times 2500 = 30000$ 元. 当 $30000 - 2000X \geqslant 10000$，即 $X \leqslant 10$ 时，保险公司获利将不少于 10000 元. 于是，由 $np = 2500 \times 0.002 = 5$，有 $X \sim P(5)$. 查表可得：

$$P\{X \leqslant 10\} = 1 - P\{X \geqslant 11\} \approx 1 - 0.0137 = 0.9863.$$

4. 几何分布

若随机变量 X 的分布律为

$$P\{X = k\} = pq^{k-1}, k = 1, 2, \cdots, q = 1 - p,$$

则称 X 服从参数为 p 的几何分布，记为 $X \sim G(p)$，其中 $p(0 < p < 1)$ 是重复独立试验中每次试验 A 发生的概率，X 表示"第一次发生事件 A 时已经进行的试验次数".

例 5　某人有一串 m 把外形相同的钥匙，其中只有一把能打开家门. 有一天此人醉酒回家，下意识地每次都从这 m 把钥匙中随便拿一把去开门，问该人在第 k 次才能打开门的概率是多少？

解　因为该人每次从 m 把钥匙中随便拿一把(使用后不做记号放回)，所以能打开家门的一把钥匙在每次使用中恰好被选中的概率为 $1/m$，容易知道这是一个伯努利试验. 第 k 次才能打开门，意味着前面 $k - 1$ 次都没有打开门，于是由独立性即可以得到：

$$P\{第 k 次才能打开门\} = \left(1 - \frac{1}{m}\right) \cdots \left(1 - \frac{1}{m}\right) \frac{1}{m} = \frac{1}{m}\left(1 - \frac{1}{m}\right)^{k-1}.$$

实际上，几何分布描述的是独立重复试验中，首次"成功"或者首次"失败"的试验次数的概率，在实际应用中经常遇到.

5. 超几何分布

一批同类产品共 N 件，其中有 M 件次品，从中任取 n 件，则这 n 件产品中的次品数 X 是一个离散型随机变量，它所有可取的值为 $0, 1, 2, \cdots, \min(n, M)$，其分布律为

$$P\{X = m\} = \frac{C_M^m C_{N-M}^{n-m}}{C_N^n}, m = 0, 1, 2, \cdots, \min(n, M)(当 r > k 时，规定 C_r^k = 0),$$

具有此分布律的随机变量 X 称为服从参数为 n,M,N 的超几何分布,记作 $X \sim H(n,M,N)$.

由上面的定义可知,超几何分布产生于无放回抽样.实际问题中经常会遇到服从超几何分布的随机变量,但当 N,M,n 较大时,概率的计算繁锁.注意到当 N 很大时,n 较小时,次品率 $p = M/N$ 在抽取前后的差异很小,进而可以证明 $N \to \infty$ 时,超几何分布将趋于二项分布

$$\lim_{N \to \infty} \frac{C_M^m C_{N-M}^{n-m}}{C_N^n} = C_n^m p^m (1-p)^{n-m}, p = \frac{M}{N}.$$

从而当 N 足够大而 n 不太大时,有如下的近似公式

$$\frac{C_M^m C_{N-M}^{n-m}}{C_N^n} \approx C_n^m p^m (1-p)^{n-m}, p = \frac{M}{N}.$$

由泊松定理知,在一定条件下可用泊松分布作为超几何分布的近似分布.

2.3 连续型随机变量及其概率分布

2.3.1 连续型随机变量

我们知道类似于测量的误差,元件的寿命,河流的水位等随机变量,它们所有可能的取值是某个区间内的一切实数,不能一一列举.类似这样的随机变量 X,尽管所有可能取值的概率不能用分布律的形式来表达,但是考查 X 取某个区间的值的概率 $P\{a \leqslant X \leqslant b\}$ 却是我们在实践中常常用到的.

定义 1 对随机变量 X,如果存在非负可积函数 $p(x)$,$-\infty < x < +\infty$,对任意的 $a < b$,有

$$P\{a \leqslant X \leqslant b\} = \int_a^b p(x)\mathrm{d}x, \tag{2-2}$$

则称 X 为连续型随机变量;$p(x)$ 称为 X 的概率密度函数,简称概率密度或密度.

由定义 1 容易得到下面两条性质:

(1)$p(x) \geqslant 0$,$-\infty < x < +\infty$;

(2)$\int_{-\infty}^{+\infty} p(x)\mathrm{d}x = P\{-\infty < X < +\infty\} = 1$.

只有满足上面两条性质的函数 $p(x)$ 才可能是某个连续型随机变量的概率密度.

定义 1 及上述性质的几何意义如图 2-1 所示,表明:

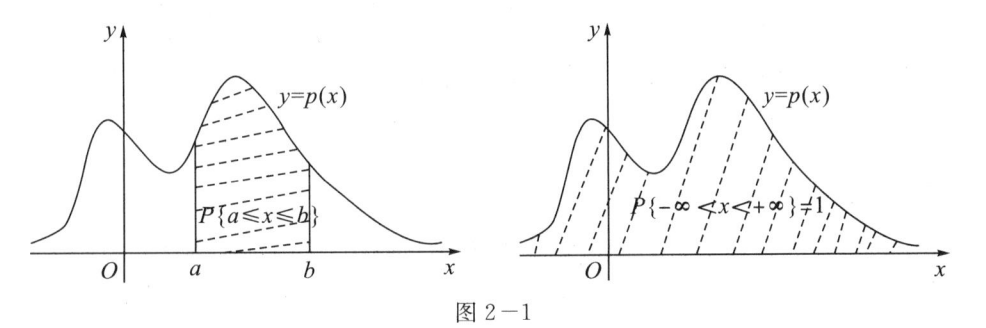

图 2-1

(1)密度曲线位于 x 轴的上方.

（2）X 在任意一个区间 (a,b) 内取值的概率等于以该区间为底边,以曲线 $y=p(x)$ 为顶的曲边梯形的面积.

（3）密度曲线 $y=p(x)$ 与 x 轴所围区域的面积为 1.

（4）对任何实数 a,有

$$P\{X=a\}=\lim_{\varepsilon\to 0^+}\int_{a-\varepsilon}^{a}p(x)\mathrm{d}x=\int_{a}^{a}p(x)\mathrm{d}x=0,$$

即连续型随机变量取某一个值的概率恒为 0. 从而

$$P\{a\leqslant X\leqslant b\}=P\{a\leqslant X<b\}=P\{a<X\leqslant b\}=P\{a<X<b\}=\int_{a}^{b}p(x)\mathrm{d}x,$$

表明是否取区间端点对连续型随机变量在某一区间内取值的概率没有影响.

（5）尽管 $P\{X=a\}=0$,但 $X=a$ 并不是不可能事件. 此外,一个事件的概率为 1 并不意味着这个事件是必然事件.

（6）对任意的 x,当 Δx 很小,并且 $p(x)$ 在区间 $[x,x+\Delta x]$ 上连续时,

$$P\{x\leqslant X\leqslant x+\Delta x\}=\int_{x}^{x+\Delta x}p(x)\mathrm{d}x\approx p(x)\Delta x,$$

表明 $p(x)$ 在点 x 处的值越大,X 取值于区间 $[x,x+\Delta x]$ 的概率也越大.

例 1　设随机变量 X 的概率密度函数为

$$p(x)=\begin{cases}kx(x+1), & 0\leqslant x\leqslant 1,\\ 0, & \text{其他}.\end{cases}$$

求常数 k 并计算 $P\left\{-1\leqslant X\leqslant\dfrac{1}{2}\right\}$,$P\left\{|X|>\dfrac{1}{2}\right\}$.

解　由概率密度应满足性质（2）有

$$\int_{-\infty}^{+\infty}p(x)\mathrm{d}x=\int_{0}^{1}kx(x+1)\mathrm{d}x=1,$$

从而 $\dfrac{5}{6}k=1$,即 $k=\dfrac{6}{5}$. 于是

$$P\left\{-1\leqslant X\leqslant\frac{1}{2}\right\}=\int_{-1}^{\frac{1}{2}}p(x)\mathrm{d}x=\int_{-1}^{0}0\mathrm{d}x+\int_{0}^{\frac{1}{2}}\frac{6}{5}x(x+1)\mathrm{d}x=\frac{1}{5},$$

$$P\left\{|X|>\frac{1}{2}\right\}=1-P\left\{|X|\leqslant\frac{1}{2}\right\}=1-P\left\{-\frac{1}{2}\leqslant X\leqslant\frac{1}{2}\right\}$$

$$=1-\int_{-\frac{1}{2}}^{0}0\mathrm{d}x-\int_{0}^{\frac{1}{2}}\frac{6}{5}x(x+1)\mathrm{d}x=\frac{4}{5}.$$

2.3.2　几种常用的连续型分布

下面我们介绍几种常用的连续型随机变量的概率分布.

1. 均匀分布

若随机变量 X 的概率密度为

$$p(x)=\begin{cases}\dfrac{1}{b-a}, & a\leqslant x\leqslant b,\\ 0, & \text{其他}.\end{cases}$$

则称 X 在区间 $[a,b]$ 上服从均匀分布,记为 $X\sim U[a,b]$. 均匀分布的密度曲线如图 2-2 所

示,它满足性质:

(1) $p(x) \geqslant 0, -\infty < x < +\infty$;

(2) $\int_{-\infty}^{+\infty} p(x) \mathrm{d}x = \int_a^b \dfrac{1}{b-a} \mathrm{d}x = 1$.

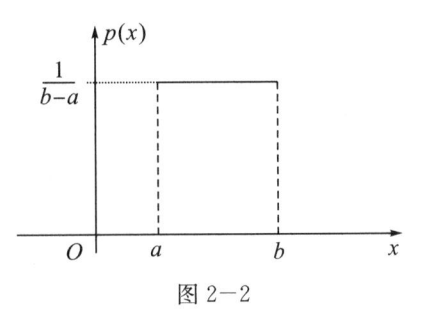

图 2—2

若 X 在 $[a, b]$ 上服从均匀分布,则对满足 $a \leqslant c < d \leqslant b$ 的任意 c, d 有

$$P\{c \leqslant X \leqslant d\} = \int_c^d \frac{\mathrm{d}x}{b-a} = \frac{d-c}{b-a},$$

这表明 X 取值位于 $[a, b]$ 内的小区间 $[c, d]$ 的概率与该小区间的长度成正比,与区间 $[c, d]$ 的具体位置无关,这就是均匀分布的概率意义.

均匀分布常见于下列情形:某一事件等可能地在某一时间段发生,数值计算时由于四舍五入引起的随机误差,在刻度盘上读数引起的取整误差等,都可以认为是服从均匀分布.

例 2 某公共汽车从上午 7:00 起每 15 分钟来一趟班车. 若某乘客在 7:00 和 7:30 之间的任何时刻到达此站是等可能的. 求该乘客候车的时间不到 5 分钟和超过 10 分钟的概率分别是多少?

解 该乘客 7 点过 X 分钟到达此站,则 $X \sim U[0, 30]$,概率密度为

$$p(x) = \begin{cases} \dfrac{1}{30}, & 0 \leqslant x \leqslant 30, \\ 0, & \text{其他}. \end{cases}$$

当该乘客在时间间隔 (7:10, 7:15) 或 (7:25, 7:30) 内到达车站,候车时间不到 5 分钟,概率为

$$P\{(10 < X < 15) + (25 < X < 30)\} = P\{10 < X < 15\} + P\{25 < X < 30\}$$
$$= \int_{10}^{15} \frac{1}{30} \mathrm{d}x + \int_{25}^{30} \frac{1}{30} \mathrm{d}x = \frac{1}{3}.$$

当该乘客在时间间隔 (7:00, 7:05) 或 (7:15, 7:20) 内到达车站,候车时间超过 10 分钟,概率为

$$P\{(0 < X < 5) + (15 < X < 20)\} = P\{0 < X < 5\} + P\{15 < X < 20\}$$
$$= \int_0^5 \frac{1}{30} \mathrm{d}x + \int_{15}^{20} \frac{1}{30} \mathrm{d}x = \frac{1}{3}.$$

2. 指数分布

若随机变量 X 的概率密度为

$$p(x) = \begin{cases} \lambda \mathrm{e}^{-\lambda x}, & x \geqslant 0, \\ 0, & x < 0, \end{cases}$$

其中 $\lambda > 0$ 为常数,则称 X 服从参数为 λ 的指数分布. 显然,它满足性质:

(1) $p(x) \geqslant 0$, $-\infty < x < +\infty$;

(2) $\int_{-\infty}^{+\infty} p(x) \mathrm{d}x = \int_{0}^{+\infty} \lambda \mathrm{e}^{-\lambda x} \mathrm{d}x = -\mathrm{e}^{-\lambda x} \big|_{0}^{+\infty} = 1$.

指数分布的密度曲线如图 2-3 所示. 在实践中,动植物及元件的寿命、电话的通话时间、服务系统中的服务时间等都可用指数分布来描述.

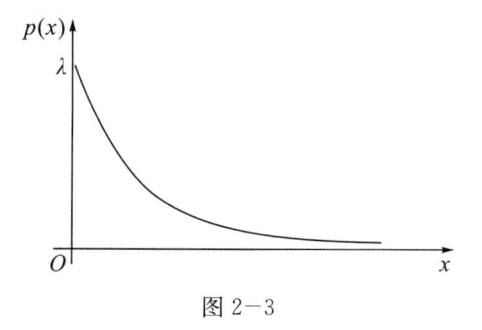

图 2-3

例 3 假设打一次电话所用的时间(单位:分)服从参数 $\lambda = 0.1$ 的指数分布. 若某人刚好在你前面走进公用电话亭,试求你将等待下列时间才能走进此电话亭打电话的概率:(1)超过 10 分钟;(2)5~10 分钟之间.

解 设 X 表示前一个人打电话所用时间,则 X 的概率密度为

$$p(x) = \begin{cases} 0.1\mathrm{e}^{-0.1x}, & x \geqslant 0, \\ 0, & x < 0. \end{cases}$$

(1) $P\{X \geqslant 10\} = \int_{10}^{+\infty} 0.1\mathrm{e}^{-0.1x} \mathrm{d}x = \mathrm{e}^{-1} \approx 0.368$;

(2) $P\{5 < X < 10\} = \int_{5}^{10} 0.1\mathrm{e}^{-0.1x} \mathrm{d}x = -\mathrm{e}^{-0.1x} \big|_{5}^{10} = \mathrm{e}^{-0.5} - \mathrm{e}^{-1} \approx 0.239$.

3. 正态分布

若随机变量 X 的概率密度为 $p(x) = \dfrac{1}{\sqrt{2\pi}\sigma} \mathrm{e}^{-\frac{(x-\mu)^2}{2\sigma^2}}$, $-\infty < x < +\infty$,其中 μ 和 $\sigma(\sigma > 0)$ 是常数,则称 X 服从参数为 μ, σ 的正态分布,记为 $X \sim N(\mu, \sigma^2)$,也称 X 为正态变量.

正态变量的密度曲线 $y = p(x)$ 通常称为正态曲线,它是一条钟形曲线,如图 2-4 所示.

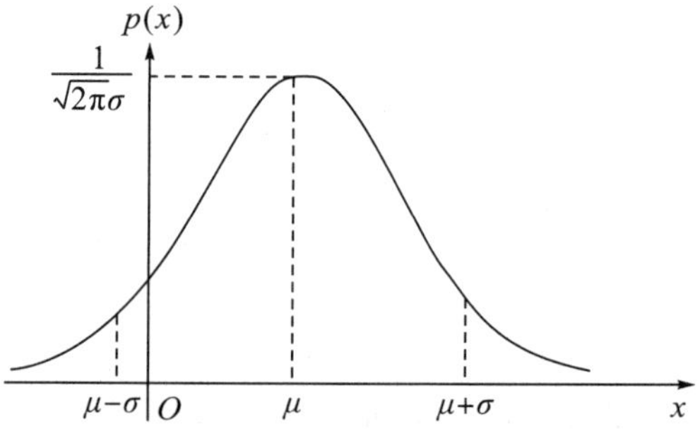

图 2-4

正态曲线具有下列性质：

(1)关于直线 $x=\mu$ 对称；当 $x=\mu$ 时，$p(x)$ 达到最大值 $\dfrac{1}{\sqrt{2\pi}\sigma}$；在 $x=\mu\pm\sigma$ 处有拐点 $\left(\mu\pm\sigma,\dfrac{1}{\sqrt{2\pi}\sigma}\mathrm{e}^{-1/2}\right)$；它以 x 轴为水平渐近线；

(2)若固定 σ，改变 μ 的值，则曲线 $y=p(x)$ 沿 x 轴平行移动但不改变其形状；若固定 μ，改变 σ 的值，则曲线 $y=p(x)$ 的陡峭程度改变，但对称轴的位置不变，σ 越大曲线越平缓，σ 越小曲线越陡峭，如图 2-5 所示．

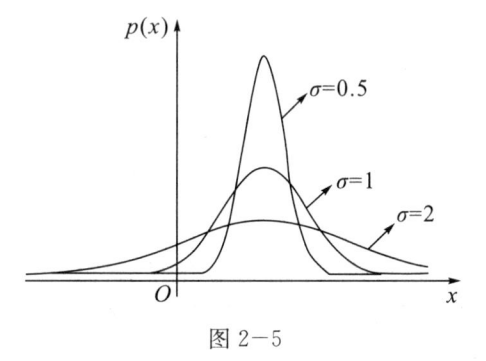

图 2-5

正态分布的概率密度满足密度函数的两条性质：

(1)$p(x)\geqslant 0,-\infty<x<+\infty$；

(2)$\displaystyle\int_{-\infty}^{+\infty}p(x)\mathrm{d}x=\int_{-\infty}^{+\infty}\dfrac{1}{\sqrt{2\pi}\sigma}\mathrm{e}^{-\frac{(x-\mu)^2}{2\sigma^2}}\mathrm{d}x=\int_{-\infty}^{+\infty}\dfrac{1}{\sqrt{2\pi}}\mathrm{e}^{-\frac{v^2}{2}}\mathrm{d}v=\dfrac{1}{\sqrt{2\pi}}\cdot\sqrt{2\pi}=1$，其中 $v=\dfrac{x-\mu}{\sigma}$．

特别的，当 $\mu=0,\sigma=1$，即 $X\sim N(0,1)$ 时，称 X 服从标准正态分布，概率密度记为

$$\varphi(x)=\dfrac{1}{\sqrt{2\pi}}\mathrm{e}^{-\frac{x^2}{2}},-\infty<x<+\infty,$$

如图 2-6 所示．

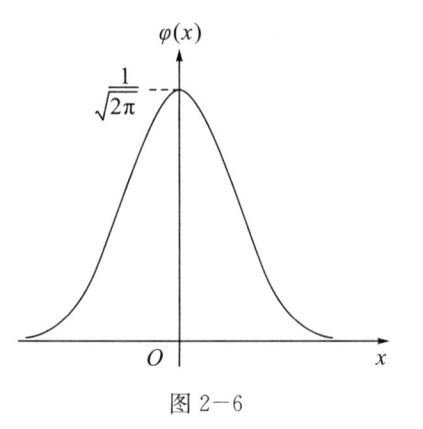

图 2-6

正态分布是实际生活中最常见的一种分布．很多实际问题中的分布，都具有正态曲线"中间大、两头小、左右对称"的特点，如人的身高、体重，学生的统考成绩，测量中的误差等，

它们都服从或近似服从正态分布. 后面还会了解到, 许多非正态分布的随机变量也和正态随机变量有着密切的联系. 因此, 正态分布是概率论与数理统计中最重要的一种分布.

2.3.3 正态分布的概率计算

先来看标准正态分布的概率计算. 为此, 我们记

$$\Phi(x) = \int_{-\infty}^{x} \frac{1}{\sqrt{2\pi}} e^{-\frac{t^2}{2}} \mathrm{d}t,$$

则有

$$P\{a < X \leqslant b\} = \Phi(b) - \Phi(a). \tag{2-3}$$

$x \geqslant 0$ 时 $\Phi(x)$ 的值在附表 1 中列出, 而

$$\Phi(-x) = \int_{-\infty}^{-x} \frac{1}{\sqrt{2\pi}} e^{-t^2/2} \mathrm{d}t,$$

令 $u = -t$, 则

$$\Phi(-x) = -\int_{+\infty}^{x} \frac{1}{\sqrt{2\pi}} e^{-u^2/2} \mathrm{d}u = \int_{x}^{+\infty} \frac{1}{\sqrt{2\pi}} e^{-u^2/2} \mathrm{d}u = 1 - \Phi(x),$$

于是 $\Phi(-x) = 1 - \Phi(x)$. 该结论也可由图 2-7 的对称性得出. 特别地 $\Phi(0) = 0.5$.

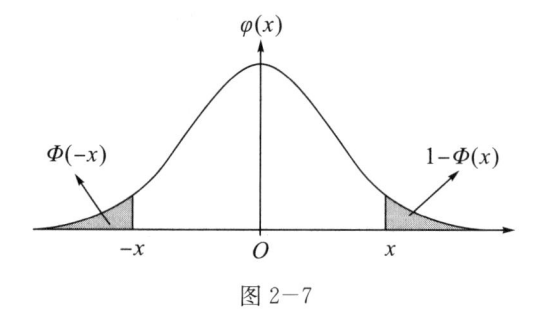

图 2-7

例 4 已知 $X \sim N(0,1)$, 求 $P\{1 < X < 2\}, P\{|X| < 1\}$.

解 $P\{1 < X < 2\} = \int_{1}^{2} \frac{1}{\sqrt{2\pi}} e^{-t^2/2} \mathrm{d}t = \int_{-\infty}^{2} \frac{1}{\sqrt{2\pi}} e^{-t^2/2} \mathrm{d}t - \int_{-\infty}^{1} \frac{1}{\sqrt{2\pi}} e^{-t^2/2} \mathrm{d}t$

$$= \Phi(2) - \Phi(1) = 0.9772 - 0.8413 = 0.1359.$$

$P\{|X| < 1\} = P\{-1 < X < 1\} = \Phi(1) - \Phi(-1) = \Phi(1) - (1 - \Phi(1))$

$$= 2\Phi(1) - 1 = 2 \times 0.8413 - 1 = 0.6826.$$

对于一般的正态分布 $X \sim N(\mu, \sigma^2)$, 可按下面的定理先将其化为标准正态分布后再计算概率.

定理 1 若 $X \sim N(\mu, \sigma^2)$, 则

$$P\{a < X < b\} = \Phi\left(\frac{b-\mu}{\sigma}\right) - \Phi\left(\frac{a-\mu}{\sigma}\right). \tag{2-4}$$

证明 若 $X \sim N(\mu, \sigma^2)$, 设 $\frac{x-\mu}{\sigma} = t$, 则

$$P\{a < X < b\} = \int_{a}^{b} \frac{1}{\sqrt{2\pi}\sigma} e^{-\frac{(x-\mu)^2}{2\sigma^2}} \mathrm{d}x = \int_{\frac{a-\mu}{\sigma}}^{\frac{b-\mu}{\sigma}} \frac{1}{\sqrt{2\pi}} e^{-t^2/2} \mathrm{d}t$$

$$= \int_{-\infty}^{\frac{b-\mu}{\sigma}} \frac{1}{\sqrt{2\pi}} e^{-t^2/2} dt - \int_{\frac{a-\mu}{\sigma}}^{+\infty} \frac{1}{\sqrt{2\pi}} e^{-t^2/2} dt$$

$$= \Phi\left(\frac{b-\mu}{\sigma}\right) - \Phi\left(\frac{a-\mu}{\sigma}\right).$$

定理 1 表明，若 $X \sim N(\mu, \sigma^2)$，则随机变量

$$Y = \frac{X-\mu}{\sigma} \sim N(0, 1).$$

例 5 已知 $X \sim N(1.5, 4)$，求 $P\{X \leqslant 3.5\}$，$P\{X \geqslant 3\}$，$P\{|X| < 3\}$.

解 $P\{X \leqslant 3.5\} = \Phi\left(\frac{3.5-1.5}{2}\right) = \Phi(1) = 0.8413.$

$$P\{X \geqslant 3\} = 1 - P\{X < 3\} = 1 - \Phi\left(\frac{3-1.5}{2}\right) = 1 - \Phi(0.75) = 0.2266.$$

$$P\{|X| < 3\} = P\{-3 < X < 3\} = \Phi\left(\frac{3-1.5}{2}\right) - \Phi\left(\frac{-3-1.5}{2}\right)$$

$$= \Phi(0.75) - \Phi(-2.25) = \Phi(0.75) + \Phi(2.25) - 1 = 0.7612.$$

例 6 已知 $X \sim N(\mu, \sigma^2)$，求 $P\{|X-\mu| \leqslant k\sigma\}$，其中 k 为正实数.

解 由 (2-3) 式和 (2-4) 式得

$$P\{|X-\mu| \leqslant k\sigma\} = P\{\mu - k\sigma \leqslant X \leqslant \mu + k\sigma\} = \Phi\left[\frac{(\mu+k\sigma)-\mu}{\sigma}\right] - \Phi\left[\frac{(\mu-k\sigma)-\mu}{\sigma}\right]$$

$$= \Phi\left[\frac{(\mu+k\sigma)-\mu}{\sigma}\right] - \Phi\left[\frac{(\mu-k\sigma)-\mu}{\sigma}\right]$$

$$= \Phi(k) - \Phi(-k) = 2\Phi(k) - 1.$$

当 $k = 3$ 时，查表可得 $P\{\mu - 3\sigma < X < \mu + 3\sigma\} = 2\Phi(3) - 1 = 0.9974$. 说明若 $X \sim N(\mu, \sigma^2)$，则 X 在区间 $(\mu - 3\sigma, \mu + 3\sigma)$ 之外取值的概率小于 0.003. 这个概率很小，由小概率原理，它通常是不会发生的. 因此，我们可以把区间 $(\mu - 3\sigma, \mu + 3\sigma)$ 作为 X 实际可能的取值区间，通常称这一结论为 "3σ 规则".

2.4 分布函数与随机变量函数的分布

2.4.1 分布函数

在处理实际问题中，人们常常感兴趣的不是一个随机变量 X 取某个特定值的概率，而是随机变量 X 落入某个区间内的概率. 例如我们关注 12 岁年龄段孩子的身高是否达到标准，而不是身高是否刚好等于某个数字. 由于 $P\{a < X \leqslant b\} = P\{X \leqslant b\} - P\{X \leqslant a\}$，所以只需要知道形如事件 $\{X \leqslant x\}$ 的概率就可以了. 另外，我们知道，对于离散型随机变量和连续型随机变量的概率分布，可以分别用分布律和概率密度来描述. 实际上还可以用一种统一的方式来描述各类随机变量概率分布. 这就是下面要引入的随机变量的分布函数.

1. 分布函数的定义

定义 1 设 X 是一个随机变量，函数 $F(x) = P\{X \leqslant x\}$，$-\infty < x < +\infty$，称为 X 的分布函数.

分布函数 $F(x)$ 有如下性质：

(1) $0 \leqslant F(x) \leqslant 1, -\infty < x < +\infty$；

(2) $F(x)$ 单调递增，即当 $a < b$ 时，$F(a) \leqslant F(b)$；

(3) $\lim\limits_{x \to -\infty} F(x) = 0, \lim\limits_{x \to +\infty} F(x) = 1$；

(4) $F(x)$ 右连续，即 $F(x+0) = F(x)$；

(5) 对任意的 $a, b (a < b)$，有 $P\{a < X \leqslant b\} = P\{X \leqslant b\} - P\{X \leqslant a\} = F(b) - F(a)$，$P\{X > a\} = 1 - P\{X \leqslant a\} = 1 - F(a)$.

分布函数的定义域是整个实数轴. 在几何上，它表示随机变量 X 落在区间 $(-\infty, x]$ 上的概率. 为了区别不同随机变量的分布函数，将随机变量 X 的分布函数记作 $F_X(x)$.

2. 离散型随机变量的分布函数

由 $P\{X \leqslant x\} = \sum\limits_{x_k \leqslant x} P\{X = x_k\}$ 有 $F(x) = \sum\limits_{x_k \leqslant x} P\{X = x_k\}$. 因此，离散型随机变量的分布函数可由它的分布律唯一确定. $F(x)$ 是 X 的取值小于或等于 x 的所有概率之和. 当 X 的取值为 $x_1 < x_2, \cdots < x_k < \cdots$ 时，分布函数可写成如下形式：

$$F(x) = \begin{cases} 0, & x < x_1, \\ p_1, & x_1 \leqslant x < x_2, \\ p_1 + p_2, & x_2 \leqslant x < x_3, \\ \cdots, & \cdots \end{cases}$$

例 1 设 X 的分布律为

X	-1	1	2
P	$\dfrac{1}{2}$	$\dfrac{1}{6}$	$\dfrac{1}{3}$

求分布函数 $F(x)$，并计算 $P\{0 < X \leqslant 2\}, P\{0 < X < 2\}$.

解 X 的取值将 $F(x)$ 的定义域 $(-\infty, +\infty)$ 分成四个区间，下面逐段讨论.

当 $x < -1$ 时，在 $(-\infty, x)$ 内没有可能值，于是
$$F(x) = P\{X \leqslant x\} = 0.$$

当 $-1 \leqslant x < 1$ 时，在 $(-\infty, x)$ 内仅有一个可能值 $X = -1$，于是
$$F(x) = P\{X \leqslant x\} = P\{X = -1\} = \frac{1}{2}.$$

当 $1 \leqslant x < 2$ 时，在 $(-\infty, x)$ 内有两个可能值 $X = -1$ 或 1，于是
$$F(x) = P\{X \leqslant x\} = P\{X = -1\} + P\{X = 1\} = \frac{1}{2} + \frac{1}{6} = \frac{2}{3}.$$

当 $x \geqslant 2$ 时，在 $(-\infty, x)$ 内的累计概率为
$$F(x) = P\{X \leqslant x\} = P\{X = -1\} + P\{X = 1\} + P\{X = 2\} = \frac{1}{2} + \frac{1}{6} + \frac{1}{3} = 1.$$

综上,分布函数

$$F(x) = \begin{cases} 0, & x < -1, \\ \dfrac{1}{2}, & -1 \leqslant x < 1, \\ \dfrac{2}{3}, & 1 \leqslant x < 2, \\ 1, & x \geqslant 2. \end{cases}$$

由分布函数的性质(5)得

$$P\{0 < X \leqslant 2\} = F(2) - F(0) = 1 - \frac{1}{2} = \frac{1}{2},$$

$$P\{0 < X < 2\} = P\{0 < X \leqslant 2\} - P\{X = 2\} = \frac{1}{2} - \frac{1}{3} = \frac{1}{6}.$$

3. 连续型随机变量的分布函数

若 X 是连续型随机变量且概率密度为 $p(x)$,由定义1,X 的分布函数为

$$F(x) = P\{X \leqslant x\} = \int_{-\infty}^{x} p(x) \mathrm{d}x. \tag{2-5}$$

由高等数学的知识得到,$F(x)$ 是 x 的连续函数,当 $p(x)$ 在点 x 处连续时,有

$$p(x) = F'(x). \tag{2-6}$$

由于标准正态分布 $N(0,1)$ 的概率密度为 $\varphi(x) = \dfrac{1}{\sqrt{2\pi}} \mathrm{e}^{-x^2/2}$,$-\infty < x < +\infty$,则分布函数

$$\Phi(x) = \int_{-\infty}^{x} \frac{1}{\sqrt{2\pi}} \mathrm{e}^{-x^2/2} \mathrm{d}x.$$

$\varphi(x)$ 与 $\Phi(x)$ 的图形如图 2-8 所示.

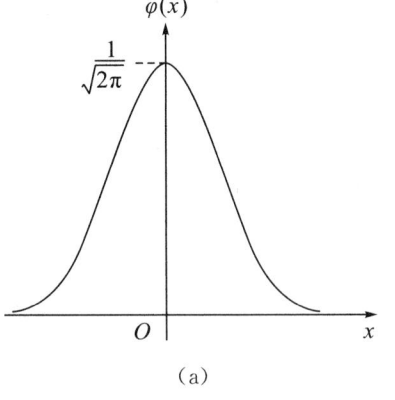
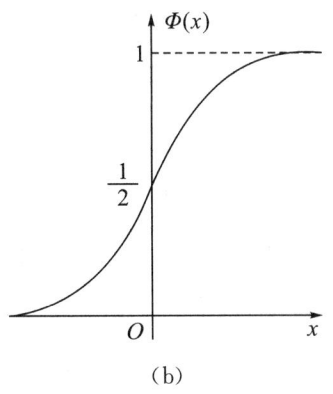

(a)　　　　　　　　　　(b)

图 2-8

例 2　设随机变量 X 在区间 $[a,b]$ 上服从均匀分布.

(1)求分布函数 $F(x)$;

(2)给出密度 $p(x)$ 和分布函数 $F(x)$ 的图形;

(3)计算 $P\left\{a \leqslant X \leqslant \dfrac{b+2a}{3}\right\}$;

(4)若 $P\{a<X\leqslant c\}=\dfrac{1}{2}$,求 c.

解　(1)由题设知 X 的概率密度为

$$p(x)=\begin{cases}\dfrac{1}{b-a}, & a\leqslant x\leqslant b, \\ 0, & 其他.\end{cases}$$

当 $x<a$ 时,$F(x)=\displaystyle\int_{-\infty}^{x}p(x)\mathrm{d}x=\int_{-\infty}^{x}0\mathrm{d}x=0.$

当 $a\leqslant x<b$ 时,$F(x)=\displaystyle\int_{-\infty}^{x}p(x)\mathrm{d}x=\int_{a}^{x}\dfrac{\mathrm{d}x}{b-a}=\dfrac{x-a}{b-a}.$

当 $x\geqslant b$ 时,$F(x)=\displaystyle\int_{-\infty}^{x}p(x)\mathrm{d}x=\int_{a}^{b}\dfrac{\mathrm{d}x}{b-a}+\int_{b}^{x}0\mathrm{d}x=1.$

于是,分布函数

$$F(x)=\begin{cases}0, & x<a, \\ \dfrac{x-a}{b-a}, & a\leqslant x<b, \\ 1, & x\geqslant b.\end{cases}$$

(2)$p(x)$ 和 $F(x)$ 的图形如图 $2-9$ 所示.

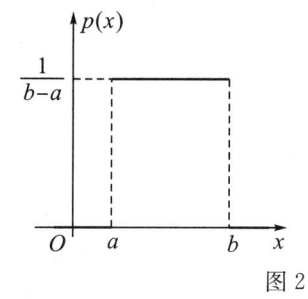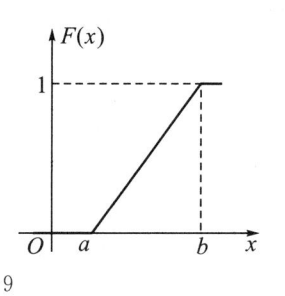

图 $2-9$

(3)$P\left\{a\leqslant X\leqslant\dfrac{b+2a}{3}\right\}=P\left\{a<X\leqslant\dfrac{b+2a}{3}\right\}=F\left(\dfrac{b+2a}{3}\right)-F(a)=\dfrac{1}{3}.$

(4)$P\{a<X\leqslant c\}=F(c)-F(a)=\dfrac{c-a}{b-a}-\dfrac{a-a}{b-a}=\dfrac{1}{2}$,故 $c=\dfrac{b+a}{2}.$

例 3　设 X 的分布函数为

$$F(x)=\begin{cases}A-B\mathrm{e}^{-2x}, & x\geqslant0, \\ 0, & x<0.\end{cases}$$

(1)求常数 A,B;

(2)若 $p(0)=2$,求概率密度 $p(x)$;

(3)求 $P\{1<X<2\}$.

解　(1)由分布函数的性质(3)有 $F(+\infty)=A=1$. 由 $F(x)$ 在 $(-\infty,+\infty)$ 上连续得 $F(0)=A-B=0$,从而 $B=1$,即

$$F(x)=\begin{cases}1-\mathrm{e}^{-2x}, & x\geqslant0, \\ 0, & x<0.\end{cases}$$

(2)由于除 $x=0$ 外, $F(x)$ 可导

$$F'(x) = \begin{cases} 2\mathrm{e}^{-2x}, & x>0, \\ 0, & x<0, \end{cases}$$

且 $x(0)=2$,所以概率密度

$$p(x) = \begin{cases} 2\mathrm{e}^{-2x}, & x \geqslant 0, \\ 0, & x<0. \end{cases}$$

(3) $P\{1<X<2\} = P\{1<X \leqslant 2\} = F(2)-F(1) = (1-\mathrm{e}^{-4})-(1-\mathrm{e}^{-2}) = \mathrm{e}^{-2}-\mathrm{e}^{-4}$.

2.4.2 随机变量函数的分布

很多情形下,若已知 X 的概率分布,我们还需要研究随机变量 X 的函数 $Y=f(X)$ 的分布. 此时 $Y=f(X)$ 是这样的一个随机变量:当 X 取值为 x 时, Y 取值为 $f(x)$. 例如,在统计物理中,若已知质量为 m 的分子的运动速度 X 的分布,要求其动能 $Y=mX^2/2$ 的分布,这就要讨论 X 的函数的分布问题. 下面我们就两种情况分别进行讨论.

1. 离散型随机变量函数的分布

离散型随机变量 X 的函数仍然是一个离散型随机变量,它的分布律由 X 的分布律容易得到. 若 X 的分布律为

X	x_1	x_2	$\cdots$	x_k	$\cdots$
P	p_1	p_2	$\cdots$	p_k	$\cdots$

则 $Y=f(X)$ 的取值为 $y_i = f(x_i)$,当所有 y_i 的值互不相等时,有

$$P\{Y=y_i\} = P\{X=x_i\} = p_i, \quad i=1,2,\cdots.$$

当 y_i 中有相等的值时,由概率的可加性把相应的 p_i 相加,并将相等的 y_k 分别合并,即可得 Y 的分布律.

例 4 已知 X 的分布律为

X	0	1	2	3	4	5
P	0.10	0.14	0.16	0.18	0.20	0.22

求 $Y=2X+3, Z=(X-2)^2$ 的分布律.

解 对 $X=x_i$ 的不同取值, $Y=2X+3$ 的值也不相同,故 Y 的分布律为

Y	3	5	7	9	11	13
P	0.10	0.14	0.16	0.18	0.20	0.22

当 X 分别取 $0,1,2,3,4,5$ 时, $Z=(X-2)^2$ 相应的取值为 $4,1,0,1,4,9$. 对其中的相等值,将对应的概率相加,得到

$$P\{Z=1\} = P\{X=1\} + P\{X=3\} = 0.14 + 0.18 = 0.32,$$
$$P\{Z=4\} = P\{X=0\} + P\{X=4\} = 0.10 + 0.20 = 0.30,$$

故 Z 的分布律为

Z	0	1	4	9
P	0.16	0.32	0.30	0.22

2. 连续型随机变量函数的分布

已知 X 的概率密度 $p_X(x)$ 或分布函数 $F_X(x)$，要求函数 $Y = f(X)$ 的概率密度，通常是先求 Y 的分布函数 $F_Y(y)$，再求导得到 Y 的概率密度 $p_Y(y)$.

例 5　已知 $X \sim N(\mu, \sigma^2)$，求 $Y = \dfrac{X - \mu}{\sigma}$ 的概率密度 $p_Y(y)$.

解　设 Y 的分布函数为 $F_Y(y)$，X 的分布函数为 $F_X(x)$，由分布函数的定义有

$$F_Y(y) = P\{Y \leqslant y\} = P\left\{\frac{X - \mu}{\sigma} \leqslant y\right\} = P\{X \leqslant \sigma y + \mu\} = F_X(\sigma y + \mu).$$

等式两端对 y 求导数，有

$$p_Y(y) = p_X(\sigma y + \mu)\sigma.$$

由于 $X \sim N(\mu, \sigma^2)$，故 $p_X(x) = \dfrac{1}{\sqrt{2\pi}\sigma} e^{-\frac{(x-\mu)^2}{2\sigma^2}}$，将 $x = \sigma y + \mu$ 代入得 Y 的概率密度有

$$p_Y(y) = \frac{1}{\sqrt{2\pi}\sigma} e^{-\frac{[(\sigma y + \mu) - \mu]^2}{2\sigma^2}} \cdot \sigma = \frac{1}{\sqrt{2\pi}} e^{-\frac{y^2}{2}},$$

这表明 $Y \sim N(0, 1)$.

对连续型随机变量 X，求 $Y = f(X)$ 的概率密度的一般方法如下. 设 X 的概率密度为 $p_X(x)$.

第一步：先确定 Y 的值域.

第二步：对值域中的任意 Y，求出 Y 的分布函数

$$F_Y(y) = P\{Y \leqslant y\} = P\{f(X) \leqslant y\} = P\{X \in G(y)\} = \int_{G(y)} p(x)\mathrm{d}x,$$

这里，$G(y)$ 由不等式 $f(X) \leqslant y$ 解出.

第三步：对 $F_Y(y)$ 求导得 $f_Y(y)$.

第四步：对 $f_Y(y)$ 加以总结，当 y 不在 Y 的值域中时，取 $f_Y(y) = 0$.

以上是求随机变量函数分布的一般方法. 对于函数是严格单调的情形，有以下的定理.

定理 1　若 X 的概率密度为 $p_X(x)$，若函数 $y = f(x)$ 严格单调，其反函数 $g(y)$ 有连续导数，则 $Y = f(X)$ 的概率密度为

$$p_Y(y) = \begin{cases} p_X(g(y)) \cdot |g'(y)|, & \alpha < y < \beta, \\ 0, & \text{其他,} \end{cases}$$

这里 (α, β) 为函数 $y = f(x)$ 的值域.

证明　当 $f(x)$ 是严格单调增加的连续函数时，它的反函数 $g(y)$ 也是严格单调增加的函数，$g'(y) \geqslant 0$. 于是 Y 的分布函数为

$$F_Y(y) = P\{Y \leqslant y\} = P\{f(X) \leqslant y\} = P\{X \leqslant g(y)\} = F_X(g(y)), \quad \alpha < y < \beta.$$

又因 $y \leqslant \alpha$ 时，$F_Y(y) = P\{f(X) \leqslant y\} = 0$；$y \geqslant \beta$ 时，$F_Y(y) = P\{f(X) \leqslant y\} = 1$. 由此得 Y 的概率密度为

$$p_Y(y) = F_Y'(y) = \begin{cases} p_X(g(y)) \cdot g'(y), & \alpha < y < \beta, \\ 0, & \text{其他.} \end{cases}$$

同理可证，当 $f(x)$ 是严格单调减小时，有

$$p_Y(y) = F'_Y(y) = \begin{cases} -p_X(g(y)) \cdot g'(y), & \alpha < y < \beta, \\ 0, & \text{其他}. \end{cases}$$

定理得证.

例 6 设 X 的概率密度为 $p_X(x)$，试求 $Y = kX + b(k \neq 0)$ 的概率密度 $p_Y(y)$.

解 函数 $y = f(x) = kx + b(k \neq 0)$ 严格单调，反函数 $x = g(y) = \dfrac{y-b}{k}$ 有连续导数 $g'(y) = 1/k$. 于是 $Y = kX + b$ 的概率密度为

$$p_Y(y) = p_X(g(y)) \cdot |g'(y)| = \frac{1}{|k|} p_X\left(\frac{y-b}{k}\right), \quad -\infty < y < +\infty.$$

习题 2

1. 判断下表能否作为某个离散型随机变量的分布律.

X	1	2	3	$\cdots$	n	$\cdots$
P	$\dfrac{3}{5}$	$\dfrac{3}{5^2}$	$\dfrac{3}{5^3}$	$\cdots$	$\dfrac{3}{5^n}$	$\cdots$

2. 已知随机变量的分布律如下，确定其中的常数 a.

(1) $P\{X = m\} = a^m, m = 1, 2, \cdots$;

(2) $P\{X = m\} = \dfrac{a}{m!}, m = 1, 2, \cdots$.

3. 某射手每次射击命中目标的概率为 $p = 0.8$，现在连续射击 6 次，求命中次数 X 的分布律.

4. 已知某电话传呼台每分钟的呼唤次数服从参数为 4 的泊松分布.

(1) 求每分钟恰有 5 次呼唤的概率;

(2) 求每分钟呼唤次数大于 5 的概率.

5. 已知某种干电池的次品率为 0.006，现在从这种干电池中任取 500 只检查，求其中仅有 4 只是次品的概率.

6. 设随机变量 X 服从参数为 λ 的泊松分布，$P\{X = 1\} = P\{X = 2\}$，求 $\lambda, P\{X = 0\}$.

7. 若 10 只同样的灯泡中有 7 只正品和 3 只废品，现任取一只检查，若取到废品，则不放回地再取一只，直到取得正品为止. 求在取得正品以前已取出的废品数 X 的概率分布.

8. 设随机变量 X 的概率密度为

$$p(x) = \begin{cases} Cx, & 0 \leqslant x \leqslant 1, \\ 0, & \text{其他}. \end{cases}$$

(1) 求常数 $C, P\{0.4 < x < 0.6\}$;

(2) 若 $P\{|X - 0.5| < a\} = 0.4$，求 a;

(3) 若 $P\{X > b\} = P\{X < b\}$，求 b.

9. 设随机变量 X 的概率密度为

$$p(x) = \begin{cases} \dfrac{C}{\sqrt{1 - x^2}}, & |X| < 1, \\ 0, & |X| \geqslant 1. \end{cases}$$

求常数 $C,P\{-0.5<x<0.5\}$.

10. 设随机变量 X 的概率密度为 $p(x)=Ce^{-|x|}$，$-\infty<x<+\infty$，求 $C,P\{|X|<1\}$.

11. 已知函数

$$p(x)=\begin{cases}\cos x, & -\dfrac{\pi}{2}\leqslant x\leqslant 0,\\ 0, & \text{其他},\end{cases}$$

判断它能否作为某个连续型随机变量的密度函数.

12. 已知 $X\sim N(1,16)$，试求 $P\{X\leqslant 0.8\}$，$P\{X>-0.4\}$，$P\{|X-1|\leqslant 2\}$.

13. 设 $X\sim N(\mu,\sigma^2)$，求满足下列条件的 a.

(1) $P\{\mu-a\sigma<X<\mu+a\sigma\}=0.99$；

(2) $P\{X>\mu-a\sigma\}=0.95$.

14. 某产品的质量指标 $X\sim N(160,\sigma^2)$，并且 $P\{120<X<200\}\geqslant 0.80$，求 σ^2 的最大值.

15. 设 X 服从两点分布参数为 $p(0<p<1)$ 的两点分布，求 X 的分布函数 $F(x)$.

16. 已知连续随机变量 X 的概率密度

$$p(x)=\begin{cases}\dfrac{18}{x^3}, & x\geqslant 3,\\ 0, & x<3.\end{cases}$$

(1) 求分布函数 $F(x)$；

(2) 给出 $p(x)$ 与 $F(x)$ 的图形；

(3) 计算 $P\{6<X<9\}$.

17. 已知 X 的概率密度为

$$p(x)=\begin{cases}x, & 0\leqslant x<1,\\ 2-x, & 1\leqslant x<2,\\ 0, & \text{其他}.\end{cases}$$

(1) 求分布函数 $F(x)$；

(2) 给出 $p(x)$ 与 $F(x)$ 的图形；

(3) 求 $F(0.5),F(1.5)$.

18. 说明函数 $F(x)=\dfrac{1}{2}+\dfrac{1}{\pi}\arctan x$，$-\infty<x<+\infty$，是否可以作为某个连续型随机变量的分布函数，若可以请给出概率密度 $p(x)$.

19. 已知随机变量 X 的分布律为

X	$-\pi$	$-\pi/2$	0	$\pi/2$	π
P	0.1	0.2	0.4	0.2	0.1

求随机变量 $Y_1=-2X,Y_2=|X|,Y_3=\cos\left(X+\dfrac{\pi}{2}\right),Y_4=\left(X-\dfrac{\pi}{2}\right)^2$ 的分布律.

20. 设 X 服从参数 $\lambda=1$ 的指数分布，试求随机变量 $Y=3X+3,Z=\sqrt{X}$ 的概率密度.

21. 已知 $X\sim N(1,2^2)$，求 $Y=1-2X$ 的概率密度 $p_Y(y)$.

22. 设 $\ln X\sim N(1,2^2)$，求 $P\{0.5<X<2\}$.

23. 测得球的直径 X 为在 $[a,b]$ 上均匀分布的随机变量，试求其体积的概率密度.

第3章 二维随机向量

前面我们讨论的是一个随机变量的情况.在实际问题中,对于某些随机试验结果的描述往往需要用两个或两个以上的随机变量.例如,对一目标进行射击,弹着点的位置(X,Y)就需要由它的横坐标X和纵坐标Y来描述,这里的X和Y都是随机变量.又如,记录学生在某次考试中的数学成绩和物理成绩,需要两个随机变量;当记录更多门学科的考试成绩时,就会涉及更多个随机变量.

在概率论中,如果一个样本点对应一个实数,则这个对应关系是一维随机变量;如果一个样本点对应两个有序实数,则是二维随机变量.一般的,如果一个样本点对应n个有序实数,那么这个对应关系就代表了n维随机变量.本书主要介绍二维随机变量.

3.1 二维离散型随机向量

3.1.1 二维随机向量

定义1 两个随机变量X与Y构成的一对有序实数(X,Y)称为**二维随机向量**或**二维随机变量**,其中X,Y称为它的分量.

一般地,n个随机变量$X_1,X_2,\cdots,X_n$的整体称为n维随机向量,其中$X_1,X_2,\cdots,X_n$称为分量.

上一章所学的随机变量是一维随机变量.从几何上看,一维随机变量X可以看作是直线上的随机点,而二维随机向量则可看作是平面上的随机点.类似于一维随机变量,对二维随机向量我们仍只讨论常见的离散型和连续型两大类.

3.1.2 二维离散型随机向量

定义2 若二维随机向量(X,Y)的取值是有限个或可列个,则称(X,Y)为二维离散型随机向量;记(X,Y)的所有取值为$(x_i,y_j),i,j=1,2,\cdots$,称

$$P\{(X,Y)=(x_i,y_j)\}=p_{ij},i,j=1,2,\cdots \qquad (3-1)$$

为(X,Y)的**联合概率分布**或**联合分布律**,简称**联合分布**.

$p_{ij}(i,j=1,2,\cdots)$具有下列性质:

$$p_{ij}>0,\sum_i\sum_j p_{ij}=1;$$

反之,满足这些性质的p_{ij}可以作为某个离散型二维随机向量的联合分布律.

例1 一袋中装有1个红球,2个白球,3个黑球.从中任取4个球,用X,Y分别表示取到的红球和白球的数量,求(X,Y)的联合分布和$P\{|X-Y|=1\}$.

解 X的可能取值为$0,1$;Y的可能取值为$0,1,2$.于是

$$P\{X=0,Y=0\}=0, P\{X=0,Y=1\}=\frac{C_2^1 C_3^3}{C_6^4}=\frac{2}{15},$$

$$P\{X=0,Y=2\}=\frac{C_2^2 C_3^2}{C_6^4}=\frac{3}{15}, P\{X=1,Y=0\}=\frac{C_1^1 C_3^3}{C_6^4}=\frac{1}{15},$$

$$P\{X=1,Y=1\}=\frac{C_1^1 C_2^1 C_3^2}{C_6^4}=\frac{6}{15}, P\{X=1,Y=2\}=\frac{C_1^1 C_2^2 C_3^1}{C_6^4}=\frac{3}{15},$$

$$P\{|X-Y|=1\}=P\{X=0,Y=1\}+P\{X=1,Y=0\}+P\{X=1,Y=2\}=\frac{6}{15}.$$

3.1.3　二维连续型随机向量

定义 3　对于二维随机向量 (X,Y)，若存在非负可积函数 $p(x,y)$，$-\infty<x,y<+\infty$，对 xOy 平面上的任意区域 D 有

$$P\{(X,Y)\in D\}=\iint\limits_{D} p(x,y)\mathrm{d}x\mathrm{d}y, \tag{3-2}$$

则称 (X,Y) 为二维连续型随机向量，称 $p(x,y)$ 为 (X,Y) 的**联合概率密度**，简称**联合密度**。

联合密度具有下列性质：

(1) $p(x,y)\geqslant 0$，$-\infty<x,y<+\infty$； \hfill (3-3)

(2) $\displaystyle\int_{-\infty}^{+\infty}\int_{-\infty}^{+\infty} p(x,y)\mathrm{d}x\mathrm{d}y=1$。 \hfill (3-4)

反之，任何具有上述两条性质的二元函数必定可以作为某个连续型二维随机向量的联合密度。

定义 3 和上述性质的几何意义如图 3-1 所示，表明：

(1) 密度曲面与平面所围成的空间区域的体积等于 1；

(2) 随机点落入区域的概率就是密度曲面之下，以区域为底的曲顶柱体的体积。

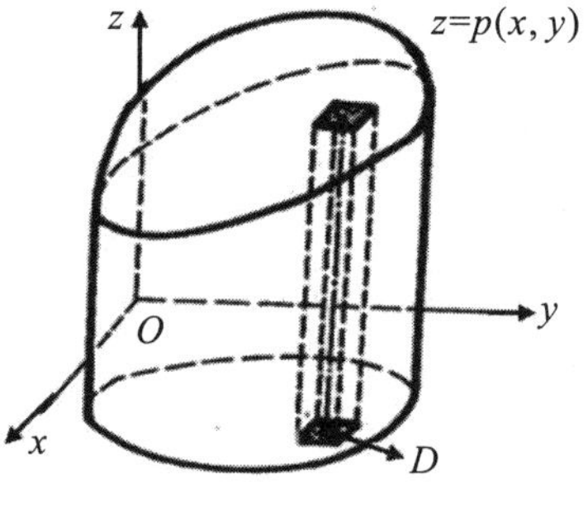

图 3-1

例 2　设二维连续型随机向量的联合密度为

$$p(x,y)=\begin{cases} Ce^{-(x+y)}, & x,y\geqslant 0, \\ 0, & 其他. \end{cases}$$

(1) 求常数 C；

(2) 计算 (X,Y) 落在区域 $D=\{(x,y)\mid 0<x<1-y, 0<y<1\}$ 内的概率。

解　(1) 由 $\displaystyle\int_0^{+\infty}\int_0^{+\infty} p(x,y)\mathrm{d}x\mathrm{d}y=1$ 有

$$\int_0^{+\infty}\int_0^{+\infty} Ce^{-(x+y)}\mathrm{d}x\mathrm{d}y=C\int_0^{+\infty}e^{-x}\mathrm{d}x\int_0^{+\infty}e^{-y}\mathrm{d}y=1,$$

于是 $C=1$.

$$(2)P\{(X,Y)\in D\}=\iint\limits_{D}p(x,y)\mathrm{d}x\mathrm{d}y=\int_0^1\int_0^{1-y}\mathrm{e}^{-(x+y)}\mathrm{d}x\mathrm{d}y=\int_0^1\mathrm{e}^{-y}(1-\mathrm{e}^{y-1})\mathrm{d}y$$

$$=(\mathrm{e}^{-y}-\mathrm{e}^{-1}y)\Big|_0^1=1-\frac{2}{\mathrm{e}}.$$

下面介绍两种常用的二维连续型分布.

1. 二维均匀分布

若二维随机向量的联合密度为

$$p(x,y)=\begin{cases}\dfrac{1}{S}, & (x,y)\in G,\\[2mm]0, & (x,y)\notin G,\end{cases}\qquad(3-5)$$

则称 (X,Y) 在区域 G 上服从二维均匀分布,其中 S 是区域 G 的面积. 显然,(3-5)式的联合密度 $p(x,y)$ 满足(3-3)式和(3-4)式的两条性质.

设 (X,Y) 在面积为 S 的区域 G 上服从均匀分布,则 (X,Y) 取值于 G 内任何子区域 G_1 的概率与 G_1 的面积成正比,而与它的形状和位置无关,即

$$P\{(X,Y)\in G_1\}=\frac{S_1}{S},\qquad(3-6)$$

其中 S_1 是区域 G_1 的面积.

例3 已知 (X,Y) 在区域 $G=\{(x,y)|0<x<1,0<y<2\}$ 上服从二维均匀分布,求 $P\{X+Y<1\}$.

解 记 $G_1=\{(x,y)|0<x<1-y,0<y<1\}$,则区域 G_1 的面积 $S_1=0.5$. 而区域 G 的面积 $S=2$. 由(3-6)式,

$$P\{X+Y<1\}=P\{(X,Y)\in G_1\}=0.25.$$

2. 二维正态分布

若二维随机向量 (X,Y) 的联合密度为

$$p(x,y)=\frac{1}{2\pi\sigma_1\sigma_2\sqrt{1-\rho^2}}\mathrm{e}^{-\frac{1}{2(1-\rho^2)}[(\frac{x-\mu_1}{\sigma_1})^2-\frac{2\rho(x-\mu_1)(y-\mu_2)}{\sigma_1\sigma_2}+(\frac{y-\mu_2}{\sigma_2})^2]},\ -\infty<x,y<+\infty,$$

其中 $\mu_1,\mu_2,\sigma_1>0,\sigma_2>0,|\rho|<1$ 是参数,则称 (X,Y) 服从**二维正态分布**或称 (X,Y) 是**二维正态向量**,记为 $(X,Y)\sim N(\mu_1,\mu_2,\sigma_1^2,\sigma_2^2,\rho)$.

二维正态分布的联合密度 $p(x,y)$ 的图形如图 3-2 所示.

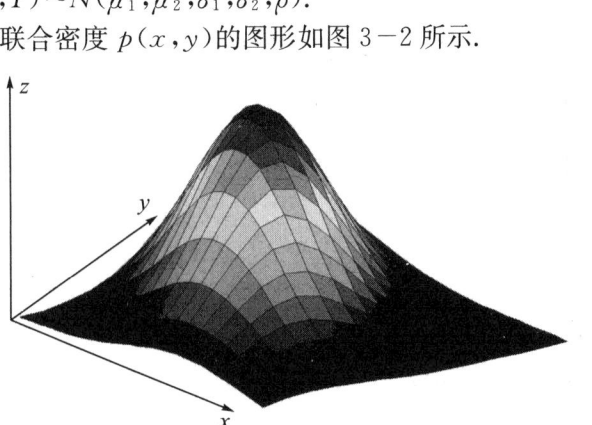

图 3-2

显然,二维正态分布的联合密度满足性质(3-3)式,下面证明满足性质(3-4)式.

证明　记 $p_X(x)=\int_{-\infty}^{+\infty}p(x,y)\mathrm{d}y$,令 $\dfrac{x-\mu_1}{\sigma_1}=u,\dfrac{y-\mu_2}{\sigma_2}=v$,则

$$p_X(x)=\int_{-\infty}^{+\infty}p(x,y)\mathrm{d}y=\int_{-\infty}^{+\infty}\frac{1}{2\pi\sigma_1\sqrt{1-\rho^2}}\mathrm{e}^{-\frac{1}{2(1-\rho^2)}[u^2-2\rho uv+v^2]}\mathrm{d}v$$

$$=\frac{1}{\sqrt{2\pi}\sigma_1}\mathrm{e}^{-\frac{u^2}{2}}\cdot\frac{1}{\sqrt{2\pi(1-\rho^2)}}\int_{-\infty}^{+\infty}\mathrm{e}^{-\frac{(v-\rho u)^2}{2(1-\rho^2)}}\mathrm{d}v$$

$$=\frac{1}{\sqrt{2\pi}\sigma_1}\mathrm{e}^{-\frac{u^2}{2}}=\frac{1}{\sqrt{2\pi}\sigma_1}\mathrm{e}^{-\frac{(x-\mu_1)^2}{2\sigma_1^2}}.$$

因为 $p_X(x)$ 是一维正态分布 $N(\mu_1,\sigma_1^2)$ 的概率密度,所以

$$\int_{-\infty}^{+\infty}\int_{-\infty}^{+\infty}p(x,y)\mathrm{d}x\mathrm{d}y=\int_{-\infty}^{+\infty}p_X(x)\mathrm{d}x=1.$$

结论得证.

定义 4　设 (X,Y) 是二维随机向量,称函数 $F(x,y)=P\{X\leqslant x,Y\leqslant y\}$,$-\infty<x,y<+\infty$ 为**联合分布函数**.

二维联合分布函数 $F(x,y)$ 具有与一维分布函数 $F(x)$ 类似的性质.对于二维连续型随机向量 (X,Y),若联合密度 $p(x,y)$ 在点 (x,y) 连续,$F(x,y)$ 是其联合分布函数,则有

$$p(x,y)=\frac{\partial^2 F(x,y)}{\partial x\partial y}.$$

$F(x,y)$ 的其他性质不在此详述.以后一般都用联合分布律或联合密度来描述二维随机向量 (X,Y) 的概率分布.

3.2　边缘分布与随机变量的独立性

3.2.1　边缘分布

对于二维随机向量 (X,Y),我们也可以对其中的分量 X 或 Y 分别研究.这时,分量 X 的概率分布称为 (X,Y) 关于 X 的边缘分布,分量 Y 的概率分布称为 (X,Y) 关于 Y 的边缘分布.

1. 二维离散型随机向量的边缘分布律

对于二维离散型随机向量 (X,Y),分量 X 或 Y 的分布律分别称为 (X,Y) 关于 X 或 Y 的边缘分布律.边缘分布律可由联合分布律确定.

定理 1　若 (X,Y) 的联合分布律为

$$P\{(X,Y)=(x_i,y_j)\}=p_{ij},i,j=1,2,\cdots,$$

则 (X,Y) 关于 X 或 Y 的边缘分布律分别为

$$p_{i.}=P\{X=x_i\}=\sum_j p_{ij},i=1,2,\cdots;p_{.j}=P\{Y=y_j\}=\sum_i p_{ij},j=1,2,\cdots.$$

证明　$p_{i.}=P\{X=x_i\}=P\{(X=x_i)\Omega\}=P\{(X=x_i)\sum_j(Y=y_j)\}$

$$=P\{\sum_j(X=x_i)(Y=y_j)\}=\sum_j P\{X=x_i,Y=y_j\}=\sum_j p_{ij},i=1,2,\cdots.$$

类似可得 $p._{j} = P\{Y = y_{j}\} = \sum_{i} p_{ij}, j = 1, 2, \cdots$.

例1 袋中有 2 只白球，3 只黑球，每次从中任取 1 球，共取两次，定义随机变量：

$$X = \begin{cases} 1, & \text{第一次取出白球}, \\ 0, & \text{第一次取出黑球}, \end{cases} \quad Y = \begin{cases} 1, & \text{第二次取出白球}, \\ 0, & \text{第二次取出黑球}, \end{cases}$$

分别采用有放回和无放回方式抽取，试求随机向量 (X, Y) 的联合分布律及边缘分布律.

解 有放回抽取时，每次取到白球或黑球的事件相互独立，联合分布律和边缘分布律如下

X \ Y	0	1	$P\{X = x_i\}$
0	$\frac{3}{5} \cdot \frac{3}{5}$	$\frac{3}{5} \cdot \frac{2}{5}$	$\frac{3}{5}$
1	$\frac{2}{5} \cdot \frac{3}{5}$	$\frac{2}{5} \cdot \frac{2}{5}$	$\frac{2}{5}$
$P\{Y = y_j\}$	$\frac{3}{5}$	$\frac{2}{5}$	1

无放回抽取时，第二次取到白球或黑球要受第一次取球的影响，由乘法公式得到联合分布律和边缘分布律如下

X \ Y	0	1	$P\{X = x_i\}$
0	$\frac{3}{5} \cdot \frac{2}{4}$	$\frac{3}{5} \cdot \frac{2}{4}$	$\frac{3}{5}$
1	$\frac{2}{5} \cdot \frac{3}{4}$	$\frac{2}{5} \cdot \frac{1}{4}$	$\frac{2}{5}$
$P\{Y = y_j\}$	$\frac{3}{5}$	$\frac{2}{5}$	1

上面两个表格中最右一列是 (X, Y) 关于 X 的边缘分布律，最后一行是 (X, Y) 关于 Y 的边缘分布律. 它们的位置在 (X, Y) 的联合分布律边缘上，因此被形象地称为边缘分布律.

2. 二维连续型随机向量的边缘概率密度

对于二维连续型随机向量 (X, Y)，分量 X 或 Y 的概率密度为 $p_X(x)$ 或 $p_Y(y)$，分别称为 (X, Y) 关于 X 或 Y 的边缘概率密度.

定理2 若 (X, Y) 的联合密度为 $p(x, y)$，则关于 X, Y 的边缘概率密度分别为

$$p_X(x) = \int_{-\infty}^{+\infty} p(x, y) \mathrm{d}y, \quad p_Y(y) = \int_{-\infty}^{+\infty} p(x, y) \mathrm{d}x. \tag{3-7}$$

证明 由于 $\{-\infty < Y < +\infty\}$ 是必然事件，有

$$P\{a < X < b\} = P\{a < X < b, -\infty < Y < +\infty\}.$$

$$= \iint\limits_{\substack{-\infty < y < +\infty \\ a < x < b}} p(x, y) \mathrm{d}x \mathrm{d}y = \int_a^b \left[\int_{-\infty}^{+\infty} p(x, y) \mathrm{d}y \right] \mathrm{d}x.$$

由概率密度的定义知 $p_X(x) = \int_{-\infty}^{+\infty} p(x, y) \mathrm{d}y$ 是 X 的概率密度，是 (X, Y) 关于 X 的边缘

概率密度.同理 $p_Y(y) = \displaystyle\int_{-\infty}^{+\infty} p(x,y)\mathrm{d}x$ 是 Y 的概率密度,是 (X,Y) 关于 Y 的边缘概率密度.

例 2 设 (X,Y) 在抛物线 $y = x^2$ 和直线 $y = x$ 所围区域 D 上服从二维均匀分布,试求其联合概率密度与边缘概率密度.

解 (X,Y) 的联合概率密度为

$$p(x,y) = \begin{cases} 6, & (x,y) \in D, \\ 0, & (x,y) \notin D. \end{cases}$$

由(3−7)式得到边缘概率密度

$$p_X(x) = \int_{-\infty}^{+\infty} p(x,y)\mathrm{d}y = \begin{cases} \displaystyle\int_{x^2}^{x} 6\mathrm{d}y = 6(x - x^2), & 0 \leqslant x \leqslant 1, \\ 0, & \text{其他}. \end{cases}$$

$$p_Y(y) = \int_{-\infty}^{+\infty} p(x,y)\mathrm{d}x = \begin{cases} \displaystyle\int_{y}^{\sqrt{y}} 6\mathrm{d}x = 6(\sqrt{y} - y), & 0 \leqslant y \leqslant 1, \\ 0, & \text{其他}. \end{cases}$$

若二维正态随机向量 $(X,Y) \sim N(\mu_1, \mu_2, \sigma_1^2, \sigma_2^2, \rho)$,利用图 3−2 下面关于概率密度 $p(x,y)$ 性质的证明过程,我们得到边缘概率密度 $p_X(x)$ 与 $p_Y(y)$ 分别为

$$p_X(x) = \int_{-\infty}^{+\infty} p(x,y)\mathrm{d}y = \frac{1}{\sqrt{2\pi}\sigma_1} \mathrm{e}^{-\frac{(x-\mu_1)^2}{2\sigma_1^2}}, \quad -\infty < x < +\infty,$$

$$p_Y(y) = \int_{-\infty}^{+\infty} p(x,y)\mathrm{d}x = \frac{1}{\sqrt{2\pi}\sigma_2} \mathrm{e}^{-\frac{(y-\mu_2)^2}{2\sigma_2^2}}, \quad -\infty < y < +\infty.$$

3.2.2 随机变量的独立性

第 1 章学习的两个事件相互独立是指一个事件是否发生对另一个事件是否发生没有影响.对于两个随机变量,它们的取值也可能互不影响.例如,两个人分别向同一目标射击,各自命中的环数就属于这种情况.因此,对随机变量也可讨论其独立性.

定义 1 设 X, Y 是两个随机变量,如果对任意 $a < b, c < d$,事件 $\{a < X < b\}$ 与 $\{c < Y < d\}$ 相互独立,即

$$P\{a < X < b, c < Y < d\} = P\{a < X < b\} \cdot P\{c < Y < d\},$$

则称随机变量 X 与 Y 相互独立.

对于离散型和连续型随机变量,分别有如下判定独立性的结论.

定理 3 设 X, Y 的分布律分别为

$$P\{X = x_i\} = p_{i.}, i = 1, 2, \cdots; P\{Y = y_j\} = p_{.j}, j = 1, 2, \cdots,$$

而 (X,Y) 的联合分布律为

$$P\{X = x_i, Y = y_j\} = p_{ij}, i, j = 1, 2, \cdots,$$

则 X, Y 相互独立的充要条件是对一切 i, j 有

$$P\{X = x_i, Y = y_j\} = P\{X = x_i\} \cdot P\{Y = y_j\},$$

即 $p_{ij} = p_{i.} \cdot p_{.j}$.

定理 4 设 X, Y 的概率密度分别为 $p_X(x), p_Y(y)$,随机向量 (X,Y) 的联合概率密度为 $p(x,y)$,则 X, Y 相互独立的充要条件为 $p_X(x)p_Y(y) = p(x,y)$.

证明 充分性. 设 $p_X(x)p_Y(y) = p(x,y)$，则

$$P\{a < X < b, c < Y < d\} = \iint\limits_{\substack{a < x < b \\ c < y < d}} p(x,y)\mathrm{d}x\mathrm{d}y = \iint\limits_{\substack{a < x < b \\ c < y < d}} p_X(x)p_Y(y)\mathrm{d}x\mathrm{d}y$$

$$= \int_a^b p_X(x)\mathrm{d}x \int_c^d p_Y(y)\mathrm{d}y = P\{a < X < b\} \cdot p\{c < Y < d\},$$

说明 X, Y 是相互独立的.

必要性. 设 X 与 Y 相互独立，则

$$P\{a < X < b, c < Y < d\} = P\{a < X < b\} \cdot P\{c < Y < d\}$$

$$= \int_a^b p_X(x)\mathrm{d}x \cdot \int_c^d p_Y(y)\mathrm{d}y$$

$$= \iint\limits_{\substack{a < x < b \\ c < y < d}} [p_X(x)p_Y(y)]\mathrm{d}x\mathrm{d}y,$$

说明 $p_X(x)p_Y(y)$ 是 (X,Y) 的联合概率密度. 定理得证.

例 3 已知正态随机变量 $X_1 \sim N(\mu_1, \sigma_1^2), X_2 \sim N(\mu_2, \sigma_2^2)$，且 X_1, X_2 相互独立，求 (X_1, X_2) 的联合概率密度.

解 由题设知 X_1, X_2 的概率密度分别为

$$p_{X_1}(x_1) = \frac{1}{\sqrt{2\pi}\sigma_1} \mathrm{e}^{-\frac{(x_1-\mu_1)^2}{2\sigma_1^2}}, p_{X_2}(x_2) = \frac{1}{\sqrt{2\pi}\sigma_2} \mathrm{e}^{-\frac{(x_2-\mu_2)^2}{2\sigma_2^2}}.$$

由于 X_1, X_2 相互独立，利用定理 4 得到 (X_1, X_2) 的联合概率密度为

$$p(x_1, x_2) = p_{X_1}(x_1)p_{X_2}(x_2) = \frac{1}{2\pi\sigma_1\sigma_2} \mathrm{e}^{-\frac{1}{2}\left[\frac{(x_1-\mu_1)^2}{\sigma_1^2} + \frac{(x_2-\mu_2)^2}{\sigma_2^2}\right]}.$$

例 4 设 (X,Y) 的联合概率密度为 $p(x,y) = \begin{cases} 2\mathrm{e}^{-(2x+y)}, & x,y \geqslant 0 \\ 0, & \text{其他} \end{cases}$，问 X 与 Y 是否相互独立？

解 由 (3-7) 式，X 和 Y 的边缘概率密度分别为

$$p_X(x) = \int_{-\infty}^{+\infty} p(x,y)\mathrm{d}y = \begin{cases} \int_0^{+\infty} 2\mathrm{e}^{-(2x+y)}\mathrm{d}y = 2\mathrm{e}^{-2x}, & x \geqslant 0, \\ 0, & x < 0, \end{cases}$$

$$p_Y(x) = \int_{-\infty}^{+\infty} p(x,y)\mathrm{d}x = \begin{cases} \int_0^{+\infty} 2\mathrm{e}^{-(2x+y)}\mathrm{d}x = \mathrm{e}^{-y}, & y \geqslant 0, \\ 0, & y < 0. \end{cases}$$

从而 $p(x,y) = p_X(x)p_Y(y)$，说明 X 和 Y 相互独立.

3.3 两个随机变量的函数的分布

在第 2 章中，我们讨论了一个随机变量的函数分布问题，即已知 X 的分布，求函数 $Y = f(X)$ 的分布问题. 本节将讨论对两个随机变量 X, Y，当 (X,Y) 的联合分布已知时，如何求函数 $Z = f(X,Y)$ 的分布问题.

3.3.1　两个离散型随机变量函数的分布

1. 已知 (X,Y) 的联合分布律,求函数 $Z=f(X,Y)$ 的分布律

例 1　设二维离散型随机向量 (X,Y) 的联合分布律如下,求 $Z=X+Y$ 的分布律.

X＼Y	−1	0	1
0	0.1	0.2	0.1
1	0.3	0.1	0.2

解　$Z=X+Y$ 的可能取值为 $-1,0,1,2$,并且

$P\{Z=-1\}=P\{X=0,Y=-1\}=0.1$,

$P\{Z=0\}=P\{X=0,Y=0\}+P\{X=1,Y=-1\}=0.2+0.3=0.5$,

$P\{Z=1\}=P\{X=0,Y=1\}+P\{X=1,Y=0\}=0.1+0.1=0.2$,

$P\{Z=2\}=P\{X=1,Y=1\}=0.2$,

即 $Z=X+Y$ 的分布律为

Z	−1	0	1	2
P	0.1	0.5	0.2	0.2

2. 已知相互独立的 X,Y 的分布律,求函数 $Z=f(X,Y)$ 的分布律

例 2　设随机变量 X 与 Y 相互独立,且分别服从二项分布 $B\left(2,\dfrac{1}{2}\right),B\left(2,\dfrac{2}{3}\right)$,即

$$P\{X=i\}=C_2^i\left(\frac{1}{2}\right)^i\left(\frac{1}{2}\right)^{2-i},i=0,1,2,$$

$$P\{Y=j\}=C_2^j\left(\frac{2}{3}\right)^j\left(\frac{1}{3}\right)^{2-j},j=0,1,2,$$

求 $Z=X+Y$ 的分布律.

解　由题设知,X,Y 的分布律分别为

X	0	1	2
P	$\dfrac{1}{4}$	$\dfrac{2}{4}$	$\dfrac{1}{4}$

Y	0	1	2
P	$\dfrac{1}{9}$	$\dfrac{4}{9}$	$\dfrac{4}{9}$

显然 $Z=X+Y$ 的可能取值为 $0,1,2,3,4$. 由 X,Y 相互独立有

$$P\{Z=0\}=P\{X=0,Y=0\}=P\{X=0\}P\{Y=0\}=\frac{1}{4}\cdot\frac{1}{9}=\frac{1}{36},$$

$$P\{Z=1\}=P\{(X=0,Y=1)\}+P\{(X=1,Y=0)\}$$

$$=P\{X=0\}P\{Y=1\}+P\{X=1\}P\{Y=0\}$$

$$=\frac{1}{4}\cdot\frac{4}{9}+\frac{2}{4}\cdot\frac{1}{9}=\frac{6}{36}.$$

同理

$$P\{Z=2\}=P\{X=0,Y=2\}+P\{X=1,Y=1\}+P\{X=2,Y=0\}=\frac{13}{36}.$$

$$P\{Z = 3\} = P\{X = 1, Y = 2\} + P\{X = 2, Y = 1\} = \frac{12}{36}.$$

$$P\{Z = 4\} = P\{X = 2\}P\{Y = 2\} = \frac{4}{36}.$$

故 $Z = X + Y$ 的分布律为

Z	0	1	2	3	4
P	$\frac{1}{36}$	$\frac{6}{36}$	$\frac{13}{36}$	$\frac{12}{36}$	$\frac{4}{36}$

例 2 中也可以先求出联合分布,再用例 1 的方法求出 $Z = X + Y$ 的分布律.

3. 两个常用结论

对于两个离散型随机变量的和,不难证明有如下两个常用的结论.

(1)若 X, Y 相互独立,并且 $X \sim B(m, p), Y \sim B(n, p)$,则

$$Z = X + Y \sim B(m + n, p),$$

这一结论称为**二项分布的可加性**.

(2)若 X, Y 相互独立,并且 $X \sim P(\lambda_1), Y \sim P(\lambda_2)$,则

$$Z = X + Y \sim P(\lambda_1 + \lambda_2),$$

这一结论称为**泊松分布的可加性**.

3.3.2 两个连续型随机变量函数的分布

两个连续型随机变量 X, Y 的函数 $Z = f(X, Y)$ 在一般情况下仍是连续型随机变量.这时,我们需要由 (X, Y) 的联合概率密度 $p(x, y)$ 求出 $Z = f(X, Y)$ 的概率密度 $p_Z(z)$.

1. 求函数的概率密度的一般方法

若已知 (X, Y) 的联合概率密度 $p(x, y)$,可求出函数 $Z = f(X, Y)$ 的分布函数

$$F_Z(z) = P\{Z \leqslant z\} = P\{f(X, Y) \leqslant z\} = \iint\limits_{f(x,y) \leqslant z} p(x, y)\mathrm{d}x\mathrm{d}y, \quad (3-8)$$

再由 $p_Z(z) = F_Z'(z)$ 得到 Z 的概率密度.

例 3 射击试验中,在靶平面建立以靶心为原点的直角坐标系,设 X, Y 分别为弹着点的横坐标和纵坐标.已知 $X \sim N(0, 1), Y \sim N(0, 1)$,且 X, Y 相互独立,求弹着点到靶心的距离 $Z = \sqrt{X^2 + Y^2}$ 概率密度 $p_Z(z)$.

解 因为 $X \sim N(0, 1), Y \sim N(0, 1)$,并且相互独立,于是联合概率密度为

$$p(x, y) = \frac{1}{2\pi}\mathrm{e}^{-\frac{x^2 + y^2}{2}}.$$

显然,$Z = \sqrt{X^2 + Y^2}$ 的取值区间为 $[0, +\infty)$.

当 $z \geqslant 0$ 时,由 $(3-8)$ 式有 Z 的分布函数为

$$F_Z(z) = P\{Z \leqslant z\} = P\{\sqrt{X^2 + Y^2} \leqslant z\} = \iint\limits_{\sqrt{x^2+y^2} \leqslant z} p(x, y)\mathrm{d}x\mathrm{d}y = \iint\limits_{\sqrt{x^2+y^2} \leqslant z} \frac{1}{2\pi}\mathrm{e}^{-\frac{x^2+y^2}{2}}\mathrm{d}x\mathrm{d}y.$$

由极坐标变换 $x = r\cos\theta, y = r\sin\theta (r \geqslant 0, 0 \leqslant \theta < 2\pi)$，得

$$F_Z(z) = \int_0^{2\pi} \mathrm{d}\theta \int_0^z \frac{1}{2\pi} r \mathrm{e}^{-\frac{r^2}{2}} \mathrm{d}r.$$

当 $z < 0$ 时，显然 $F_Z(z) = P\{Z \leqslant z\} = P\{\sqrt{X^2 + Y^2} \leqslant z\} = 0.$

综上，

$$p_Z(z) = F_Z{}'(z) = \begin{cases} z\mathrm{e}^{-\frac{1}{2}z^2}, & z \geqslant 0, \\ 0, & z < 0. \end{cases}$$

上面介绍的求函数概率密度的方法也称为分布函数法.

2. 两种常见的函数的分布

(1) $X + Y$ 的分布.

设 (X, Y) 的联合概率密度为 $p(x, y)$，求 $Z = X + Y$ 的概率密度. 按分布函数法，

$$F_Z(z) = P\{Z \leqslant z\} = P\{X + Y \leqslant z\} = \iint\limits_{x+y \leqslant z} p(x, y) \mathrm{d}x \mathrm{d}y.$$

记积分区域为 $D = \{(x, y) \mid x + y \leqslant z\}$，利用二重积分与二次积分的关系有

$$\iint\limits_{x+y \leqslant z} p(x, y)\mathrm{d}x\mathrm{d}y = \int_{-\infty}^{+\infty} \mathrm{d}x \int_{-\infty}^{z-x} p(x, y)\mathrm{d}y$$

$$\xrightarrow{\text{令}\, u = x + y} \int_{-\infty}^{+\infty} \mathrm{d}x \int_{-\infty}^{z} p(x, u - x)\mathrm{d}u$$

$$= \int_{-\infty}^{z} \mathrm{d}u \int_{-\infty}^{+\infty} p(x, u - x)\mathrm{d}x,$$

因此 $F_Z(z) = P\{Z \leqslant z\} = \int_{-\infty}^{z} \left[\int_{-\infty}^{+\infty} p(x, u - x)\mathrm{d}x \right] \mathrm{d}u$，从而，$Z = X + Y$ 的概率密度为

$$p_Z(z) = \int_{-\infty}^{+\infty} p(x, z - x)\mathrm{d}x. \tag{3-9}$$

同样可得

$$p_Z(z) = \int_{-\infty}^{+\infty} p(z - y, y)\mathrm{d}y.$$

若 X, Y 相互独立，密度函数分别为 $p_X(x)$ 和 $p_Y(y)$，由 $p_X(x)p_Y(y) = p(x, y)$ 得到 $Z = X + Y$ 的概率密度为

$$p_Z(z) = \int_{-\infty}^{+\infty} p_X(x)p_Y(z - x)\mathrm{d}x \text{ 或 } p_Z(z) = \int_{-\infty}^{+\infty} p_X(z - y)p_Y(y)\mathrm{d}y,$$

这称为 X 与 Y 的**卷积公式**.

例 4　设 X, Y 相互独立，并且都服从正态分布 $N(\mu, \sigma^2)$，求 $Z = X + Y$ 的概率密度.

解　由题设知 (X, Y) 的联合概率密度为

$$p(x, y) = \frac{1}{2\pi\sigma^2} \mathrm{e}^{\frac{-1}{2\sigma^2}[(x-\mu)^2 + (y-\mu)^2]}.$$

由 (3-9) 式，$Z = X + Y$ 的概率密度

$$p_Z(z) = \int_{-\infty}^{+\infty} \frac{1}{2\pi\sigma^2} \mathrm{e}^{\frac{-1}{2\sigma^2}[(x-\mu)^2 + (z-x-\mu)^2]} \mathrm{d}x,$$

令 $t = x - \mu$，则

$$p_Z(z) = \int_{-\infty}^{+\infty} \frac{1}{2\pi\sigma^2} e^{\frac{-1}{2\sigma^2}[t^2+(z-2\mu-t)^2]} dt = \int_{-\infty}^{+\infty} \frac{1}{2\pi\sigma^2} e^{\frac{-1}{2\sigma^2}[2t^2-2(z-2\mu)t+(z-2\mu)^2]} dt$$

$$= \int_{-\infty}^{+\infty} \frac{1}{\sqrt{2\pi}(\sigma/\sqrt{2})} e^{\frac{-1}{2\sigma^2}2(t-\frac{z-2\mu}{2})^2} \cdot \frac{1}{\sqrt{2\pi}(\sqrt{2}\sigma)} e^{\frac{-1}{2\sigma^2}(\frac{z-2\mu}{2})^2} dt$$

$$= \frac{1}{\sqrt{2\pi}(\sqrt{2}\sigma)} e^{\frac{-(z-2\mu)^2}{2(\sqrt{2}\sigma)^2}}.$$

这表明 $Z = X + Y \sim N(2\mu, 2\sigma^2)$,其中参数 $(2\mu, 2\sigma^2)$ 分别为正态分布 $N(\mu, \sigma^2)$ 与 $N(\mu, \sigma^2)$ 中对应参数的和. 一般的,若 $X \sim N(\mu_1, \sigma_1^2), Y \sim N(\mu_2, \sigma_2^2)$,且 X, Y 相互独立,则

$$X + Y \sim N(\mu_1 + \mu_2, \sigma_1^2 + \sigma_2^2).$$

(2) $\max(X,Y)$ 与 $\min(X,Y)$ 的分布.

设 X, Y 独立同分布,概率密度为 $p(\cdot)$(不妨设 $p(\cdot)$ 是连续函数),分布函数为 $F(\cdot)$. 下面寻找最大值函数 $Z = \max(X,Y)$ 的概率分布. 由独立性可知 Z 的分布函数为

$$F_Z(z) = P\{Z \leqslant z\} = P\{X \leqslant z, Y \leqslant z\}$$
$$= P\{X \leqslant z\} \cdot P\{Y \leqslant z\} = F(z) \cdot F(z) = F^2(z).$$

于是 $Z = \max(X,Y)$ 的概率密度为

$$p_Z(z) = [F^2(z)]' = 2F(z) \cdot F'(z) = 2F(z) \cdot p(z).$$

类似可证,最小值 $Z = \min(X,Y)$ 的概率密度为

$$p_Z(z) = 2[1 - F(z)]p(z).$$

习题 3

1. 袋中装有同样的 5 件产品,其中,4 件是正品,1 件是次品,从袋中取两次,每次取出 1 件,定义下列随机变量:

$$X = \begin{cases} 1, & \text{第一次取出正品,} \\ 0, & \text{第一次取出次品,} \end{cases} \qquad Y = \begin{cases} 1, & \text{第二次取出正品,} \\ 0, & \text{第二次取出次品,} \end{cases}$$

分别采用有放回和不放回方式,试求随机向量 (X,Y) 的联合分布律.

2. 随机向量 (X,Y) 的联合密度为

$$p(x,y) = \begin{cases} C(R - \sqrt{x^2 + y^2}), & x^2 + y^2 < R^2, \\ 0, & x^2 + y^2 \geqslant R^2. \end{cases}$$

确定系数 C 并计算 (X,Y) 落在区域 $x^2 + y^2 \leqslant r^2 (r < R)$ 内的概率.

3. 已知 (X,Y) 在曲线 $y = x^2$ 和 $y^2 = x$ 所围区域内服从均匀分布,求 (X,Y) 的联合密度.

4. 在下列条件下给出二维正态随机向量 (X,Y) 的联合密度:

(1) $(X,Y) \sim N(3, 0, 1, 1, \frac{1}{2})$;

(2) $(X,Y) \sim N(1, 2, 1, \frac{1}{2}, 0)$.

5. (X,Y) 的联合分布律如下,试求边缘分布律,并判定 X,Y 是否相互独立.

X \ Y	1	2
1	1/12	1/6
2	1/4	1/2

6. 已知 X,Y 相互独立,它们的分布律如下,试求 (X,Y) 的联合分布律.

X	0	1	2
P	1/6	1/3	1/2

Y	1	2
P	2/5	3/5

7. 已知 X,Y 相互独立,(X,Y) 的联合分布律如下,求常数 α,β.

Y \ X	1	2	3
1	0.1	0.05	0.1
2	0.1	α	β

8. 设 (X,Y) 的联合概率密度为

$$p(x,y) = \begin{cases} A\sin(x+y), & 0 < x,y < \dfrac{\pi}{2}, \\ 0, & \text{其他.} \end{cases}$$

求常数 A 和边缘概率密度 $p_X(x),p_Y(y)$,并判定 X,Y 是否相互独立.

9. 已知 (X,Y) 的联合概率密度为 $p(x,y) = \dfrac{1}{\pi^2(1+x^2)(1+y^2)}$,$-\infty < x,y < +\infty$,问 X,Y 是否相互独立?

10. 已知二维离散型随机向量 (X,Y) 的联合分布律如下,试求 $Z_1 = X+Y$, $Z_2 = X-Y$, $Z_3 = XY$, $Z_4 = Y/X$ 的分布律.

X \ Y	-1	1	2
-1	0.1	0.1	0.05
2	0.3	0.3	0.15

11. 若 X,Y 相互独立,并且分别服从参数为 λ_1,λ_2 的泊松分布,证明 $X+Y$ 服从参数为 $\lambda_1+\lambda_2$ 的泊松分布.

12. 已知 X,Y 相互独立,概率密度如下,

$$p_X(x) = \begin{cases} 1, & 0 \leqslant x \leqslant 1, \\ 0, & \text{其他,} \end{cases} \quad p_Y(y) = \begin{cases} \mathrm{e}^{-y}, & y > 0, \\ 0, & y \leqslant 0. \end{cases}$$

求 $Z = X+Y$ 的概率密度.

13. 已知 (X,Y) 的联合概率密度为

$$p(x,y) = \begin{cases} 6xy^2, & 0 < x,y < 1, \\ 0, & \text{其他.} \end{cases}$$

证明 X,Y 相互独立,并计算 $Z = X+Y$ 的概率密度.

14. 某种商品一周的需要量是一个随机变量,其概率密度为

$$p(x) = \begin{cases} x e^{-x}, & x > 0, \\ 0, & x \leqslant 0. \end{cases}$$

如果每周的需要量是相互独立的,试求两周需要量的概率密度.

15. 已知 X, Y 相互独立,概率密度如下:

$$p_X(x) = \begin{cases} \dfrac{x^3}{6} e^{-x}, & x > 0, \\ 0, & x \leqslant 0. \end{cases} \qquad p_Y(y) = \begin{cases} y e^{-y}, & y > 0, \\ 0, & y \leqslant 0. \end{cases}$$

求 $Z = X + Y$ 的概率密度.

16. 设 (X, Y) 的联合概率密度为

$$p(x, y) = \begin{cases} e^{-(x+y)}, & x, y > 0, \\ 0, & \text{其他.} \end{cases}$$

求 $Z = \dfrac{X+Y}{2}$ 的概率密度.

第 4 章　随机变量的数字特征

前面的学习中我们已经知道,随机变量的概率分布能完整地描述其统计规律. 但一方面,在许多实际问题中,要寻找随机变量的概率分布是很困难的. 另一方面,有时并不需要确切地了解随机变量的全貌,只需要知道它的某些综合性指标就足够了. 这些指标往往可以用一个或几个实数来描述某些特征. 例如,检查一批手表的精度时,可以关注它们在某段时间内的平均误差和偏离平均误差值的程度;考察某地区的家庭收入情况时,我们关心的是该地区的家庭平均收入以及贫富差异程度. 由此看来,需要引进一些反映随机变量的平均值及差异程度的量. 这些量以及与随机变量有关的其他某些数值,虽然不能完整地描述随机变量,但却能描述它在某些方面的重要特征,我们称之为随机变量的数字特征. 在随机变量的多种数字特征中,下面重点讨论常用的期望、方差和相关系数.

4.1 期望

4.1.1 离散型随机变量的期望

若从一批电子元件中抽取 10 只检测平均使用寿命,测得寿命为 60 天、80 天、100 天的分别有 1 只、3 只、6 只. 显然,这 10 只电子元件的平均寿命为

$$\overline{X} = \frac{60 \times 1 + 80 \times 3 + 100 \times 6}{10} = 60 \times \frac{1}{10} + 80 \times \frac{3}{10} + 100 \times \frac{6}{10} = 90(天).$$

这个平均寿命不是 $60,80,100$ 的算术平均值 $\frac{1}{3} \times (60 + 80 + 100) = 80$(天),而是分别以出现这些寿命的频率 $\frac{1}{10}, \frac{3}{10}, \frac{6}{10}$ 为权重的加权平均.

一般地,对于离散型随机变量 X,已知它的分布律为

X	x_1	x_2	$\cdots$	x_k	$\cdots$
P	p_1	p_2	$\cdots$	p_k	$\cdots$

要想求其平均值,很自然会想到用概率 p_k 去代替上面例子中的频率.

定义 1　设离散型随机变量 X 的分布律为

$$P\{X = x_k\} = p_k, k = 1, 2, \cdots,$$

若级数 $\sum\limits_k |x_k| p_k$ 收敛,则称级数 $\sum\limits_k x_k p_k$ 为 X 的**数学期望**,简称**期望**或**均值**,记为 EX,即

$$EX = \sum\limits_k x_k p_k. \tag{4-1}$$

当级数 $\sum\limits_k |x_k| p_k$ 发散时,称 X 的数学期望不存在.

　　例 1　甲、乙两个工人每天生产相同数量的同类型产品,用 X_1, X_2 分别表示甲、乙两人某天生产的次品数,经统计得

X_1	0	1	2	3
P_k	0.3	0.3	0.2	0.2

X_2	0	1	2	3
P_k	0.2	0.5	0.3	0

试比较他们技术水平的高低.

解 根据定义, X_1, X_2 的数学期望分别为

$$E(X_1) = 0 \times 0.3 + 1 \times 0.3 + 2 \times 0.2 + 3 \times 0.2 = 1.3,$$

$$E(X_2) = 0 \times 0.2 + 1 \times 0.5 + 2 \times 0.3 + 3 \times 0 = 1.1.$$

因此,甲工人一天平均生产 1.3 件次品,乙工人一天平均生产 1.1 件次品,所以甲的技术水平比乙的低.

下面来看几种常用的离散型随机变量的期望.

1. 两点分布

设 $X \sim B(1, p), 0 < p < 1$, 即分布律为

$$P(X = 0) = 1 - p, P(X = 1) = p,$$

则 X 的期望为

$$EX = 0 \cdot (1 - p) + 1 \cdot p = p.$$

2. 二项分布

设 $X \sim B(n, p)$, 即分布律为

$$P\{X = k\} = C_n^k p^k (1 - p)^{n-k}, k = 0, 1, 2, \cdots, n,$$

则 X 的期望为

$$EX = \sum_{k=0}^{n} k \cdot P\{X = k\} = \sum_{k=0}^{n} k \cdot C_n^k p^k (1 - p)^{n-k} = np \sum_{k=1}^{n} \frac{(n-1)!}{(k-1)!(n-k)!} p^{k-1} q^{n-k}$$

$$\xlongequal{m = k-1} np \sum_{m=0}^{n-1} \frac{(n-1)!}{m![(n-1) - m]!} p^m q^{(n-1)-m}$$

$$= np \sum_{m=0}^{n-1} C_{n-1}^m p^m q^{(n-1)-m} = np (p + q)^{n-1} = np.$$

3. 泊松分布

设 X 服从参数为 λ 的泊松分布, 即分布律为

$$P\{X = k\} = \frac{\lambda^k}{k!} e^{-\lambda}, k = 0, 1, 2, \cdots; \lambda > 0,$$

则 X 的期望为

$$EX = \sum_{k=0}^{\infty} k \cdot P\{X = k\} = \sum_{k=0}^{\infty} k \cdot \frac{\lambda^k}{k!} e^{-\lambda} = \lambda e^{-\lambda} \sum_{k=1}^{\infty} \frac{\lambda^{k-1}}{(k-1)!}$$

$$= \lambda e^{-\lambda} \sum_{m=0}^{\infty} \frac{\lambda^m}{m!} = \lambda e^{-\lambda} \cdot e^{\lambda} = \lambda.$$

4.1.2 连续型随机变量的期望

定义 2 设连续型随机变量 X 的概率密度 $p(x)$, 若广义积分 $\int_{-\infty}^{+\infty} x p(x) \mathrm{d}x$ 绝对收敛,

则称此积分为 X 的**数学期望**,简称**期望**或**均值**,记为 EX,即

$$EX = \int_{-\infty}^{+\infty} x p(x) \mathrm{d}x. \tag{4-2}$$

若广义积分 $\int_{-\infty}^{+\infty} |x| p(x) \mathrm{d}x$ 发散,则称 X 的数学期望不存在.

例 2　设随机变量 X 的概率密度如下,求 EX.

$$p(x) = \begin{cases} 3x^2, & 0 < x < 1, \\ 0, & \text{其他}. \end{cases}$$

解　$EX = \displaystyle\int_{-\infty}^{+\infty} x p(x) \mathrm{d}x = \int_0^1 x \cdot 3x^2 \mathrm{d}x = \dfrac{3}{4}.$

几种常用的连续型随机变量的期望如下.

1. 均匀分布

设 $X \sim U[a, b]$,即概率密度为

$$p(x) = \begin{cases} \dfrac{1}{b-a}, & a \leqslant x \leqslant b, \\ 0, & \text{其他}, \end{cases}$$

则期望

$$EX = \int_{-\infty}^{+\infty} x p(x) \mathrm{d}x = \int_a^b x \cdot \frac{1}{b-a} \mathrm{d}x = \frac{1}{b-a} \cdot \frac{1}{2} x^2 \Big|_a^b = \frac{a+b}{2}.$$

2. 指数分布

设 X 服从参数为 λ 的指数分布,即概率密度为

$$p(x) = \begin{cases} \lambda \mathrm{e}^{-\lambda x}, & x \geqslant 0, \\ 0, & x < 0, \end{cases}$$

则期望

$$EX = \int_{-\infty}^{+\infty} x p(x) \mathrm{d}x = \int_0^{+\infty} x \cdot \lambda \mathrm{e}^{-\lambda x} \mathrm{d}x = \frac{1}{\lambda} \left(\lambda x \mathrm{e}^{-\lambda x} \Big|_0^{+\infty} - \mathrm{e}^{-\lambda x} \Big|_0^{+\infty} \right) = \frac{1}{\lambda}.$$

3. 正态分布

设 $X \sim N(\mu, \sigma^2)$,即概率密度

$$p(x) = \frac{1}{\sqrt{2\pi}\sigma} \mathrm{e}^{-\frac{(x-\mu)^2}{2\sigma^2}}, \quad -\infty < x < +\infty,$$

则期望

$$EX = \int_{-\infty}^{+\infty} x p(x) \mathrm{d}x = \int_{-\infty}^{+\infty} x \cdot \frac{1}{\sqrt{2\pi}\sigma} \mathrm{e}^{-\frac{(x-\mu)^2}{2\sigma^2}} \mathrm{d}x$$

$$\xrightarrow{\text{令 } t = (x-\mu)/\sigma} \frac{1}{\sqrt{2\pi}} \int_{-\infty}^{+\infty} (\sigma t + \mu) \mathrm{e}^{-\frac{t^2}{2}} \mathrm{d}t$$

$$= \frac{\sigma}{\sqrt{2\pi}} \int_{-\infty}^{+\infty} t \mathrm{e}^{-\frac{t^2}{2}} \mathrm{d}t + \mu \cdot \frac{1}{\sqrt{2\pi}} \int_{-\infty}^{+\infty} \mathrm{e}^{-\frac{t^2}{2}} \mathrm{d}t.$$

由于第一个积分的被积函数是奇函数,积分值为 0. 于是

$$EX = \mu \cdot \frac{1}{\sqrt{2\pi}} \int_{-\infty}^{+\infty} \mathrm{e}^{-\frac{t^2}{2}} \mathrm{d}t = \mu \cdot \frac{1}{\sqrt{2\pi}} \sqrt{2\pi} = \mu.$$

这表明正态分布 $N(\mu, \sigma^2)$ 的参数 μ 恰是该随机变量的数学期望.

4.1.3 期望的性质

定理 1 设 C, k, b 是常数,则期望有如下性质:

(1)$EC = C$;

(2)$E(kX) = kEX$;

(3)$E(X + b) = EX + b$;

(4)$E(kX + b) = kEX + b$.

证明 (1)常量 C 可以看作是以概率 1 取值 C 的一个特殊的离散型随机变量,由(4-1)式

$$EC = C \cdot 1 = C.$$

(2)若 X 为离散型随机变量,分布律为 $P\{X = x_m\} = p_m, m = 1, 2, \cdots$. 于是 kX 的分布律为

$$P\{kX = kx_m\} = p_m, m = 1, 2, \cdots.$$

所以 $E(kX) = \sum_m kx_m \cdot p_m = k \sum_m x_m \cdot p_m = kEX$.

若 X 为连续型随机变量,概率密度为 $p(x)$,则函数 $Y = kX$ 的概率密度为 $\frac{1}{|k|} p\left(\frac{y}{k}\right)$. 于是

$$E(kX) = \int_{-\infty}^{+\infty} y \frac{1}{|k|} p\left(\frac{y}{k}\right) \mathrm{d}y \xrightarrow{y = kx} \int_{-\infty}^{+\infty} kx p(x) \mathrm{d}x$$

$$= k \int_{-\infty}^{+\infty} x p(x) \mathrm{d}x = kEX.$$

综上,X 无论为离散型或连续型随机变量,性质(2)都成立.

性质(3)和(4)可类似地证明,这里不再详述. 显然性质(2)、(3)是性质(4)的特例.

4.1.4 随机变量函数的期望

在实际问题中,若已知随机变量 X 的概率分布,有时还需要求函数 $f(X)$ 的期望 $Ef(X)$. 对此,我们不加证明地给出两个重要公式.

定理 2 (1)设 X 是离散型随机变量,分布律为

$$P\{X = x_k\} = p_k, k = 1, 2, \cdots,$$

如果级数 $\sum_k f(x_k) p_k$ 绝对收敛,则函数 $f(X)$ 的期望为

$$Ef(X) = \sum_k f(x_k) p_k. \tag{4-3}$$

(2)设 X 是连续型随机变量,概率密度为 $p(x)$,如果广义积分 $\int_{-\infty}^{+\infty} f(x) p(x) \mathrm{d}x$ 绝对收敛,则函数 $f(X)$ 的期望为

$$Ef(X) = \int_{-\infty}^{+\infty} f(x) p(x) \mathrm{d}x. \tag{4-4}$$

例 3 设随机变量 X 的分布律如下,求 $Y = X^2 - 1$ 的期望.

$$
\begin{array}{c|ccccc}
X & -2 & -1 & 0 & 1 & 2 \\
\hline
P & 0.3 & 0.1 & 0.2 & 0.1 & 0.3
\end{array}
$$

解　方法 1. 先求 Y 的分布律为

$$
\begin{array}{c|ccc}
Y & -1 & 0 & 3 \\
\hline
P & 0.2 & 0.2 & 0.6
\end{array}
$$

由(4−1)式得 $EY = -1 \times 0.2 + 0 \times 0.2 + 3 \times 0.6 = 1.6$.

　　方法 2. 由(4−3)式可得

$$
EY = E(X^2 - 1) = \sum_k (x_k^2 - 1) p_k = 1.6.
$$

　　例 4　已知风速 X 是一个随机变量,并且 $X \sim U[0, a]$,飞机两翼上受到的压力 Y 与风速的平方成正比,即 $Y = kX^2 (k > 0)$,求压力的均值.

　　解　X 的概率密度为

$$
p(x) = \begin{cases} \dfrac{1}{a}, & 0 \leqslant x \leqslant a, \\ 0, & \text{其他.} \end{cases}
$$

由(4−4)式可得

$$
EY = EkX^2 = \int_{-\infty}^{+\infty} kx^2 p(x) \mathrm{d}x = \int_0^a kx^2 \frac{1}{a} \mathrm{d}x = \frac{1}{3} ka^2.
$$

　　求 X 的函数的期望还可以先由 X 的概率分布寻找 $Y = f(X)$ 的分布律或概率密度,再由期望的定义求期望 $Ef(X)$.

　　例 5　已知 $X \sim N(0, 1)$,求 EX^2.

　　解　方法 1. X 的概率密度为 $p(x) = \dfrac{1}{\sqrt{2\pi}} \mathrm{e}^{-\frac{x^2}{2}}$, $-\infty < x < +\infty$. 由(4−4)式有

$$
EX^2 = \int_{-\infty}^{+\infty} x^2 \cdot \frac{1}{\sqrt{2\pi}} \mathrm{e}^{-\frac{x^2}{2}} \mathrm{d}x = -\int_{-\infty}^{+\infty} x \mathrm{d} \frac{1}{\sqrt{2\pi}} \mathrm{e}^{-\frac{x^2}{2}} = -\left(x \cdot \frac{1}{\sqrt{2\pi}} \mathrm{e}^{-\frac{x^2}{2}} \right) \Big|_{-\infty}^{+\infty} + \int_{-\infty}^{+\infty} \frac{1}{\sqrt{2\pi}} \mathrm{e}^{-\frac{x^2}{2}} \mathrm{d}x = 1.
$$

方法 2. 用分布函数法先求出 $Y = X^2$ 的概率密度.

当 $y < 0$ 时, $\{X^2 \leqslant y\}$ 是不可能事件,此时

$$
F_Y(y) = P\{Y \leqslant y\} = P\{X^2 \leqslant y\} = 0.
$$

当 $y \geqslant 0$ 时,有

$$
F_Y(y) = P\{Y \leqslant y\} = P\{X^2 \leqslant y\} = \int_{-\sqrt{y}}^{\sqrt{y}} \frac{1}{\sqrt{2\pi}} \mathrm{e}^{-\frac{t^2}{2}} \mathrm{d}t
$$

$$
= 2 \int_0^{\sqrt{y}} \frac{1}{\sqrt{2\pi}} \mathrm{e}^{-\frac{t^2}{2}} \mathrm{d}t = \int_0^y \frac{1}{\sqrt{2\pi}} x^{-\frac{1}{2}} \mathrm{e}^{-\frac{x}{2}} \mathrm{d}x.
$$

于是 Y 的概率密度为

$$
p_Y(y) = \begin{cases} \dfrac{1}{\sqrt{2\pi}} y^{-\frac{1}{2}} \mathrm{e}^{-\frac{y}{2}}, & y > 0, \\ 0, & y \leqslant 0. \end{cases}
$$

由(4−2)式得

$$
EY = \int_{-\infty}^{+\infty} y p_Y(y) \mathrm{d}y = \int_0^{+\infty} y \cdot \frac{1}{\sqrt{2\pi}} y^{-\frac{1}{2}} \mathrm{e}^{-\frac{y}{2}} \mathrm{d}y
$$

$$\underline{y=t^2}\int_0^{+\infty}\frac{2t}{\sqrt{2\pi}}e^{-\frac{t^2}{2}}\,dt=-\int_0^{+\infty}\frac{2t^2}{\sqrt{2\pi}}\,de^{-\frac{t^2}{2}}$$

$$=2\int_0^{+\infty}\frac{1}{\sqrt{2\pi}}e^{-\frac{t^2}{2}}\,dt=\int_{-\infty}^{+\infty}\frac{1}{\sqrt{2\pi}}e^{-\frac{t^2}{2}}\,dt=1.$$

比较上述两种方法,方法 1 不需要求 X^2 的概率密度,比方法 2 简便.

4.2　方差

4.2.1　方差的定义

期望反映了随机变量的平均值,是随机变量的一个重要的数字特征.但是,在许多实际问题中,仅仅知道均值是不够的,还需要了解随机变量取值与其均值的偏离程度.例如,测量两种手表,已知它们的日走时误差的分布律分别为

X_1	-1	0	1
P	0.2	0.6	0.2

X_2	-2	-1	1	2
P	0.3	0.2	0.2	0.3

易知 $EX_1=EX_2=0$,即它们各自误差的均值相同,但显然第一种手表的精确度较高,因为 X_1 与均值 0 偏离较小.

为描述随机变量偏离其均值 EX 的情况,可以考查 $X-EX$,$|X-EX|$ 或 $(X-EX)^2$ 的平均值.由于 $X-EX$ 取均值会使正、负偏差相互抵消,而 $|X-EX|$ 中含绝对值,计算不方便.因此,我们选用 $(X-EX)^2$ 的均值,利用 $E(X-EX)^2$ 来描述 X 与它的期望 EX 的平均偏离程度.从而有以下定义.

定义 1　设 X 为随机变量,若 $E(X-EX)^2$ 存在,则称
$$DX=E(X-EX)^2 \tag{4-5}$$
为 X 的方差,称 $\sqrt{DX}$ 为 X 的**标准差**或**均方差**,记为 σ_X.

由方差的定义可知,X 的方差 DX 是函数 $(X-EX)^2$ 的期望.由随机变量函数的数学期望公式知:若 X 为离散型随机变量,分布律为 $P\{X=x_k\}=p_k,k=1,2,3,\cdots$,则
$$DX=\sum_k(x_k-EX)^2p_k; \tag{4-6}$$
若 X 为连续型随机变量,概率密度为 $p(x)$,则
$$DX=\int_{-\infty}^{+\infty}(x-EX)^2p(x)\,dx. \tag{4-7}$$

显然,方差 DX 是一个非负常数,它的大小反映了随机变量取值的离散程度;DX 越大,取值越分散;DX 越小,取值越集中.

在计算方差时,常用下面的公式.

定理 1
$$DX=EX^2-(EX)^2. \tag{4-8}$$

证明　由期望的性质可得
$$DX=E(X-EX)^2=E[X^2-2X\cdot EX+(EX)^2]$$
$$=EX^2-2EX\cdot EX+(EX)^2=EX^2-(EX)^2.$$

例 1　试求前面所举两种手表日走时误差 X_1,X_2 的方差 DX_1,DX_2.

解　易知 $EX_1 = 0, EX_2 = 0$. 由(4-8)式得

$$DX_1 = EX_1^2 - (EX_1)^2 = EX_1^2 = (-1)^2 \times 0.2 + 0^2 \times 0.6 + 1^2 \times 0.2 = 0.4,$$

$$DX_2 = EX_2^2 - (EX_2)^2 = EX_2^2$$

$$= (-2)^2 \times 0.3 + (-1)^2 \times 0.2 + 1^2 \times 0.2 + 2^2 \times 0.3 = 2.8.$$

由此可见 $DX_1 < DX_2$,表明第一种表的误差的离散程度较小,这和观察两个分布律所得结论一致.

例 2　设 X 的概率密度如下,求 DX.

$$p(x) = \begin{cases} 2x, & 0 \leqslant x \leqslant 1, \\ 0, & \text{其他}. \end{cases}$$

解　**方法 1.** $EX = \int_{-\infty}^{+\infty} xp(x)\mathrm{d}x = \int_0^1 2x^2\mathrm{d}x = \dfrac{2}{3}$. 由(4-7)式可得

$$DX = \int_{-\infty}^{+\infty} (x-EX)^2 p(x)\mathrm{d}x = \int_0^1 \left(x-\frac{2}{3}\right)^2 \cdot 2x\mathrm{d}x = 2\left(\frac{1}{4}x^4 - \frac{4}{9}x^3 + \frac{2}{9}x^2\right)\Big|_0^1 = \frac{1}{18}.$$

方法 2.　由 $EX = \dfrac{2}{3}$ 和(4-8)式得

$$DX = EX^2 - (EX)^2 = \int_{-\infty}^{+\infty} x^2 p(x)\mathrm{d}x - \left(\frac{2}{3}\right)^2 = \int_0^1 2x^3\mathrm{d}x - \frac{4}{9} = \frac{1}{18}.$$

上面我们遇到了两个 X 的函数的期望: EX^2 和 $E(X-EX)^2$. 将它们分别推广到一般形式,称 EX^k 为 k **阶原点矩**,记为 υ_k,即

$$\upsilon_k = EX^k, k = 1, 2, \cdots;$$

称 $E(X-EX)^k$ 为 k **阶中心矩**,记为 μ_k,即

$$\mu_k = E(X-EX)^k, k = 1, 2, \cdots.$$

显然 υ_1 是期望 EX, μ_2 是方差 DX.

4.2.2 　几种常用随机变量的方差

1. 两点分布

设 $X \sim B(1, p), 0 < p < 1$,则 $EX = p$. 方差

$$DX = EX^2 - (EX)^2 = 0^2 \cdot q + 1^2 \cdot p - p^2 = p(1-p) = pq,$$

其中 $q = 1 - p$.

2. 二项分布

设 $X \sim B(n, p)$,则 $EX = np$.

$$EX^2 = \sum_{k=0}^n k^2 \cdot C_n^k p^k q^{n-k} = \sum_{k=0}^n [k(k-1)+k]\frac{n!}{k!(n-k)!}p^k q^{n-k}$$

$$= \sum_{k=2}^n \frac{n!}{(k-2)!(n-k)!}p^k q^{n-k} + \sum_{k=0}^n k \cdot \frac{n!}{k!(n-k)!}p^k q^{n-k}$$

$$\underline{\underline{k'=k-2}} n(n-1)p^2 \sum_{k'=0}^{n-2} \frac{(n-2)!}{k'!(n-2-k')!}p^{k'} q^{n-2-k'} + np$$

$$= n(n-1)p^2 (p+q)^{(n-2)} + np = n(n-1)p^2 + np.$$

由(4-8)式得,X 的方差为

$$DX = EX^2 - (EX)^2 = n(n-1)p^2 + np - (np)^2 = npq.$$

3. 泊松分布

设 X 服从参数为 λ 的泊松分布,则 $EX = \lambda$.

$$EX^2 = \sum_{k=0}^{+\infty} k^2 \cdot \frac{\lambda^k}{k!} e^{-\lambda} = \sum_{k=0}^{+\infty} \left[k(k-1) + k\right] \frac{\lambda^k}{k!} e^{-\lambda}$$

$$= \lambda^2 \sum_{k=2}^{+\infty} \frac{\lambda^{k-2}}{(k-2)!} e^{-\lambda} + \sum_{k=0}^{+\infty} k \cdot \frac{\lambda^k}{k!} e^{-\lambda} = \lambda^2 + \lambda.$$

方差 $DX = EX^2 - (EX)^2 = \lambda^2 + \lambda - \lambda^2 = \lambda$.

4. 均匀分布

设 $X \sim U[a,b]$,则 $EX = \dfrac{a+b}{2}$. 于是

$$EX^2 = \int_a^b \frac{x^2}{b-a} dx = \frac{1}{3}(b^2 + ab + a^2).$$

方差 $DX = EX^2 - (EX)^2 = \dfrac{(b-a)^2}{12}$.

5. 指数分布

设 X 服从参数为 λ 的指数分布,则 $EX = \dfrac{1}{\lambda}$. 于是

$$EX^2 = \int_0^{+\infty} x^2 \cdot \lambda e^{-\lambda x} dx \xlongequal{\lambda x = t} \frac{1}{\lambda^2} \int_0^{+\infty} t^2 e^{-t} dt = \frac{2}{\lambda^2}.$$

方差 $DX = EX^2 - (EX)^2 = \dfrac{2}{\lambda^2} - \dfrac{1}{\lambda^2} = \dfrac{1}{\lambda^2}$.

6. 正态分布

设 $X \sim N(\mu, \sigma^2)$,则 $EX = \mu$. 由方差的定义

$$DX = E(X-\mu)^2 = \int_{-\infty}^{+\infty} (x-\mu)^2 \frac{1}{\sqrt{2\pi}\sigma} e^{-\frac{(x-\mu)^2}{2\sigma^2}} dx,$$

$$\xlongequal{\令 t = (x-\mu)/\sigma} \frac{\sigma^2}{\sqrt{2\pi}} \int_{-\infty}^{+\infty} t^2 e^{-\frac{t^2}{2}} dt$$

$$= -\frac{\sigma^2}{\sqrt{2\pi}} \int_{-\infty}^{+\infty} t\, d e^{-\frac{t^2}{2}} = -\frac{\sigma^2}{\sqrt{2\pi}} \left(t e^{-\frac{t^2}{2}} \Big|_{-\infty}^{+\infty} - \int_{-\infty}^{+\infty} e^{-\frac{t^2}{2}} dt \right)$$

$$= \frac{\sigma^2}{\sqrt{2\pi}} \int_{-\infty}^{+\infty} e^{-\frac{t^2}{2}} dt = \sigma^2.$$

这表明正态分布 $N(\mu, \sigma^2)$ 的参数 σ^2 是该随机变量的方差. 正因如此,在图 2-5 中,σ 越小,相应的正态密度曲线越陡峭,这时 X 的取值较集中;反之,σ 越大,密度曲线越平缓,这时 X 的取值较分散.

几种常用分布的期望和方差见表 4-1.

表 4－1　常用随机变量的概率分布表

名称	参数	分布律或概率密度	期望	方差
两点分布	$0<p<1$ $q=1-p$	$P\{X=1\}=p$ $P\{X=0\}=q$ $p+q=1$	p	pq
二项分布	$0<p<1$ $q=1-p$ $n\geqslant1$ 为整数	$P\{X=k\}=C_n^k p^k q^{n-k}$ $k=0,1,\cdots,n$	np	npq
泊松分布	$\lambda>0$	$P\{X=k\}=\dfrac{\lambda^k}{k!}e^{-\lambda}$ $k=0,1,2,\cdots,$	λ	λ
几何分布	$0<p<1$ $q=1-p$	$P\{X=k\}=pq^{k-1}$ $k=1,2,\cdots,p+q=1$	$\dfrac{1}{p}$	$\dfrac{q}{p^2}$
超几何分布	n,M,N 为整数 $n\leqslant N$ $M\leqslant N$	$P\{X=m\}=\dfrac{C_M^m C_{N-M}^{n-m}}{C_N^n}$ $m=0,1,\cdots,\min(n,M)$	$\dfrac{nM}{N}$	$\dfrac{n(N-n)(N-M)M}{N^2(N-1)}$
均匀分布	$a<b$	$p(x)=\begin{cases}\dfrac{1}{b-a},a\leqslant x\leqslant b\\0,\quad\ \ \text{其他}\end{cases}$	$\dfrac{a+b}{2}$	$\dfrac{(b-a)^2}{12}$
指数分布	$\lambda>0$	$p(x)=\begin{cases}\lambda e^{-\lambda x},x\geqslant0\\0,\quad\ \ x<0\end{cases}$	$\dfrac{1}{\lambda}$	$\dfrac{1}{\lambda^2}$
正态分布	μ $\sigma>0$	$p(x)=\dfrac{1}{\sqrt{2\pi}\sigma}e^{-\frac{(x-\mu)^2}{2\sigma^2}}$ $-\infty<x<+\infty$	μ	σ^2

4.2.3　方差的简单性质

定理 2　设 C,k,b 为常数,则方差 DX 具有如下性质:

(1) $DC=0$;

(2) $D(kX)=k^2DX$;

(3) $D(X+b)=DX$;

(4) $D(kX+b)=k^2DX$.

证明　由 $EC=C$ 有

$$DC=E(C-EC)^2=E(C-C)^2=0.$$

注意到性质(2)、(3)都是性质(4)的特殊情况,下面证明性质(4).

由 $E(kX+b)=kEX+b$ 有

$$D(kX+b)=E\left[(kX+b)-E(kX+b)\right]^2=E\left[k(X-EX)\right]^2$$
$$=E[k^2(X-EX)^2]=k^2E(X-EX)^2=k^2DX.$$

例 3　设 $X\sim N(1,4)$,试求 $Y=2X-1$ 的概率密度 $p_Y(y)$.

解　由 $X\sim N(1,4)$,有 $EX=1,DX=4$. 根据期望与方差的性质得

$$EY=E(2X-1)=2EX-1=1,DY=D(2X-1)=16.$$

注意到 $Y=2X-1$ 也服从正态分布,即 $Y\sim N(1,16)$,故

$$p_Y(y) = \frac{1}{4\sqrt{2\pi}}e^{\frac{-(y-1)^2}{32}}, \quad -\infty < y < +\infty.$$

4.3 二维随机变量的数字特征

4.3.1 两个随机变量函数的期望

若(X,Y)的联合分布律为

$$P\{X = x_i, Y = y_j\} = p_{ij}, i,j = 1,2,\cdots,$$

则$Z = f(X,Y)$的期望为

$$EZ = Ef(X,Y) = \sum_i \sum_j f(x_i, y_j)p_{ij}. \tag{4-9}$$

若(X,Y)的联合概率密度为$p(x,y)$,则$Z = f(X,Y)$的期望为

$$EZ = Ef(X,Y) = \int_{-\infty}^{+\infty}\int_{-\infty}^{+\infty} f(x,y)p(x,y)\mathrm{d}x\mathrm{d}y. \tag{4-10}$$

例1 设(X,Y)的联合分布律如下,$Z = X - Y$,求EZ.

X＼Y	-1	1	2
-1	0.25	0.1	0.3
2	0.15	0.15	0.05

解 由(4-9)式

$$EZ = E(X - Y) = \sum_{i=1}^{2}\sum_{j=1}^{3}(x_i - y_j)p_{ij} = -0.5.$$

对这类问题,也可先求出$Z = f(X,Y)$的分布律,再由期望的定义计算EZ.

例2 射击试验中,在靶平面建立以靶心为原点的直角坐标系,设X,Y分别为弹着点的横坐标和纵坐标,它们相互独立且都服从分布$N(0,1)$,求弹着点到靶心距离的均值.

解 弹着点到靶心的距离为$Z = \sqrt{X^2 + Y^2}$,下面计算EZ.由(4-10)式

$$EZ = \int_{-\infty}^{+\infty}\int_{-\infty}^{+\infty} \sqrt{x^2 + y^2}\,\frac{1}{2\pi}e^{-\frac{1}{2}(x^2+y^2)}\mathrm{d}x\mathrm{d}y.$$

令$x = r\cos\theta, y = r\sin\theta$,则

$$EZ = \int_0^{2\pi}\mathrm{d}\theta\int_0^{+\infty}\frac{r}{2\pi}e^{-\frac{1}{2}r^2}r\mathrm{d}r = \int_0^{+\infty}r^2 e^{-\frac{1}{2}r^2}\mathrm{d}r = \frac{\sqrt{2\pi}}{2}.$$

若(X,Y)的联合概率密度为$p(x,y)$,X,Y的边缘概率密度分别为$p_X(x), p_Y(y)$.于是

$$EX = \int_{-\infty}^{+\infty} xp_X(x)\mathrm{d}x, EY = \int_{-\infty}^{+\infty} yp_Y(y)\mathrm{d}y,$$

$$DX = \int_{-\infty}^{+\infty}(x - EX)^2 p_X(x)\mathrm{d}x, DY = \int_{-\infty}^{+\infty}(y - EY)^2 p_Y(y)\mathrm{d}y. \tag{4-11}$$

此外,由(4-10)式和联合概率密度$p(x,y)$,有

$$EX = \int_{-\infty}^{+\infty}\int_{-\infty}^{+\infty} xp(x,y)\mathrm{d}x\mathrm{d}y, EY = \int_{-\infty}^{+\infty}\int_{-\infty}^{+\infty} yp(x,y)\mathrm{d}x\mathrm{d}y,$$

$$DX = \int_{-\infty}^{+\infty} \int_{-\infty}^{+\infty} (x - EX)^2 p(x,y) \mathrm{d}x \mathrm{d}y, DY = \int_{-\infty}^{+\infty} \int_{-\infty}^{+\infty} (y - EY)^2 p(x,y) \mathrm{d}x \mathrm{d}y.$$

$$(4-12)$$

当 (X,Y) 为离散型二维随机向量时，也有与上面各式对应的结果.

定理 1　期望和方差具有如下性质：

(1) $E(X+Y) = EX + EY$；

(2) $D(X+Y) = DX + DY + 2E[(X-EX)(Y-EY)]$；

(3) 当 X,Y 相互独立时，有 $E(X \cdot Y) = EX \cdot EY$；

(4) 当 X,Y 相互独立时，有 $D(X+Y) = DX + DY$.

证明　以下仅对连续型的情况给出证明，离散型的情况可类似证明.

(1) 由 (4-10) 式，

$$\begin{aligned}
E(X+Y) &= \int_{-\infty}^{+\infty} \int_{-\infty}^{+\infty} (x+y) p(x,y) \mathrm{d}x \mathrm{d}y \\
&= \int_{-\infty}^{+\infty} \int_{-\infty}^{+\infty} x p(x,y) \mathrm{d}x \mathrm{d}y + \int_{-\infty}^{+\infty} \int_{-\infty}^{+\infty} y p(x,y) \mathrm{d}x \mathrm{d}y \\
&= EX + EY.
\end{aligned}$$

(2) 由性质 (1)，

$$\begin{aligned}
D(X+Y) &= E[(X+Y) - E(X+Y)]^2 = E[(X-EX) + (Y-EY)]^2 \\
&= E[(X-EX)^2 + (Y-EY)^2 + 2(X-EX)(Y-EY)] \\
&= E(X-EX)^2 + E(Y-EY)^2 + 2E(X-EX)(Y-EY) \\
&= DX + DY + 2E[(X-EX)(Y-EY)].
\end{aligned}$$

(3) 设 X,Y 的边缘概率密度分别为 $p_X(x), p_Y(y)$. 由 X,Y 相互独立知 (X,Y) 的联合概率密度为 $p(x,y) = p_X(x) p_Y(y)$，由 (4-10) 式得

$$\begin{aligned}
E(X \cdot Y) &= \int_{-\infty}^{+\infty} \int_{-\infty}^{+\infty} xy p_X(x) p_Y(y) \mathrm{d}x \mathrm{d}y = \left[\int_{-\infty}^{+\infty} x p_X(x) \mathrm{d}x \right] \cdot \left[\int_{-\infty}^{+\infty} y p_Y(y) \mathrm{d}y \right] \\
&= EX \cdot EY.
\end{aligned}$$

(4) 性质 (3)

$$\begin{aligned}
E[(X-EX)(Y-EY)] &= E(XY - XEY - YEX + EXEY) \\
&= E(XY) - EXEY - EYEX + EXEY = E(XY) - EXEY = 0,
\end{aligned}$$

由性质 (2) 有 $D(X+Y) = DX + DY$.

4.3.2　协方差

对于二维随机向量 (X,Y)，期望 EX, EY 只能分别反映 X,Y 各自的均值，方差 DX，DY 也只反映分量 X,Y 的取值和各自的均值的离散程度. 为描述 X 与 Y 取值间相互联系的程度，我们引入下面的重要概念.

定义 1　设 (X,Y) 是一个二维随机向量，若 $E[(X-EX)(Y-EY)]$ 存在，则称它为 X 与 Y 的**协方差**，记为 $Cov(X,Y)$ 或 σ_{XY}，即

$$\sigma_{XY} = Cov(X,Y) = E[(X-EX)(Y-EY)]. \qquad (4-13)$$

特别地，

$$\sigma_{XX} = Cov(X,X) = E(X-EX)^2 = DX, \sigma_{YY} = Cov(Y,Y) = E(Y-EY)^2 = DY.$$

由此可见方差 DX 与 DY 是协方差的特例.

协方差的计算常常采用下面的公式

$$\sigma_{XY} = Cov(X,Y) = E(XY) - EX \cdot EY. \tag{4-14}$$

定理 2 设 X,Y,Z 为随机变量, a,b 为常数, 则协方差具有以下性质:

(1) $Cov(X,Y) = Cov(Y,X)$;

(2) $Cov(X,a) = 0$;

(3) $Cov(aX,bY) = abCov(Y,X)$;

(4) $Cov(X+Y,Z) = Cov(X,Z) + Cov(Y,Z)$;

(5) $D(X \pm Y) = DX + DY \pm 2Cov(X,Y)$;

(6) 若 X 与 Y 相互独立, 则 $Cov(X,Y) = 0$.

例 3 设 (X,Y) 的联合分布律如下, 求 (X,Y) 的协方差.

X\Y	1	2	3
0	0.2	0.1	0.1
1	0.15	0.3	0.15

解 X,Y 和 XY 的分布律如下:

X	0	1
P	0.4	0.6

Y	1	2	3
P	0.35	0.4	0.25

XY	0	1	2	3
P	0.4	0.15	0.3	0.15

由此可得

$$EX = 0 \times 0.4 + 1 \times 0.6 = 0.6, EY = 1 \times 0.35 + 2 \times 0.4 + 3 \times 0.25 = 1.9,$$
$$E(XY) = 0 \times 0.4 + 1 \times 0.15 + 2 \times 0.3 + 3 \times 0.15 = 1.2.$$

于是

$$Cov(X,Y) = E(XY) - EX \cdot EY = 0.06.$$

例 4 设 (X,Y) 的联合概率密度如下, 求 (X,Y) 的协方差.

$$p(x,y) = \begin{cases} \dfrac{1}{8}(x+y), & 0 \leqslant x,y \leqslant 2, \\ 0, & \text{其他.} \end{cases}$$

解 由 (4-12) 式

$$EX = \int_{-\infty}^{+\infty} \int_{-\infty}^{+\infty} xp(x,y)\,dx\,dy = \int_0^2 dx \int_0^2 \frac{1}{8}x(x+y)\,dy = \int_0^2 \left(\frac{1}{4}x^2 + \frac{1}{4}x \right)dx$$
$$= \left(\frac{1}{12}x^3 + \frac{1}{8}x^2 \right) \Big|_0^2 = \frac{7}{6},$$

$$EY = \int_{-\infty}^{+\infty} \int_{-\infty}^{+\infty} yp(x,y)\,dx\,dy = \int_0^2 dy \int_0^2 \frac{1}{8}y(x+y)\,dx = \frac{7}{6},$$

$$E(XY) = \int_{-\infty}^{+\infty} \int_{-\infty}^{+\infty} xyp(x,y)\,dx\,dy = \int_0^2 dx \int_0^2 \frac{1}{8}xy(x+y)\,dy = \int_0^2 \left(\frac{1}{4}x^2 + \frac{1}{3}x \right)dx$$
$$= \left(\frac{1}{12}x^3 + \frac{1}{6}x^2 \right) \Big|_0^2 = \frac{4}{3},$$

由(4-14)式

$$Cov(X,Y) = E(XY) - EXEY = -\frac{1}{36}.$$

4.3.3 相关系数

协方差 $Cov(X,Y)$ 在一定程度上反映了随机变量 X 与 Y 之间的相互联系,但是它是一个有量纲的量,其值会受到 X 与 Y 所取单位大小的影响. 为此,我们引入一种与量纲无关的能够描述随机变量之间相关性的数字特征——相关系数.

定义2 设随机变量 X,Y 的数学期望和方差都存在,称

$$\rho_{XY} = \frac{Cov(X,Y)}{\sqrt{DX} \sqrt{DY}} \tag{4-15}$$

为 X 与 Y 的**相关系数**.

相关系数 ρ_{XY} 所描述的两个随机变量的相关性仅仅只是它们线性关系的程度. 相关系数与 X 及 Y 的标准化随机变量有密切的关系. 事实上,我们有如下结论.

定理3 设随机变量 X 与 Y 的期望与方差都存在,称

$$X^* = \frac{X - EX}{\sqrt{DX}}, Y^* = \frac{Y - EY}{\sqrt{DY}}$$

为 X 和 Y 的**标准化随机变量**,则

$$\rho_{XY} = Cov(X^*, Y^*). \tag{4-16}$$

证明 由于 $E(X^*) = E(Y^*) = 0$,由(4-14)式得

$$Cov(X^*, Y^*) = E(X^* Y^*) = E\left(\frac{X - EX}{\sqrt{DX}} \cdot \frac{Y - EY}{\sqrt{DY}}\right)$$

$$= \frac{E\{[X - EX][Y - EY]\}}{\sqrt{DX} \sqrt{DY}} = \frac{Cov(X,Y)}{\sqrt{DX} \sqrt{DY}} = \rho_{XY},$$

所以 ρ_{XY} 也称为标准协方差.

例5 求例4中 X 与 Y 的相关系数 ρ_{XY}.

解 例4中得到 $EX = \frac{7}{6}, EY = \frac{7}{6}, Cov(X,Y) = -\frac{1}{36}$,下面计算 DX 与 DY.

$$E(X^2) = \int_{-\infty}^{+\infty} \int_{-\infty}^{+\infty} x^2 p(x,y) dx dy = \int_0^2 dx \int_0^2 x^2 \frac{1}{8}(x+y) dy$$

$$= \int_0^2 \left(\frac{1}{4} x^3 + \frac{1}{4} x^2\right) dx = \left(\frac{1}{16} x^4 + \frac{1}{12} x^3\right) \Big|_0^2 = \frac{5}{3},$$

故

$$DX = EX^2 - (EX)^2 = \frac{11}{36}.$$

同理,

$$EY^2 = \int_{-\infty}^{+\infty} \int_{-\infty}^{+\infty} y^2 p(x,y) dx dy = \int_0^2 dy \int_0^2 y^2 \cdot \frac{1}{8}(x+y) dx = \frac{5}{3},$$

$$DY = EY^2 - (EY)^2 = \frac{5}{3} - \left(\frac{7}{6}\right)^2 = \frac{11}{36}.$$

由(4-15)式得

$$\rho_{XY} = \frac{Cov(X,Y)}{\sqrt{DX}\sqrt{DY}} = \frac{-1/36}{\sqrt{11/36}\sqrt{11/36}} = -\frac{1}{11}.$$

定理 4 设随机变量 X 与 Y 的相关系数 ρ_{XY} 存在,则

(1) $\rho_{XY} = \rho_{YX}$;

(2) $|\rho_{XY}| \leqslant 1$;

(3) $|\rho_{XY}| = 1$ 当且仅当存在常数 $a \neq 0$ 和 b,满足 $P\{Y = aX + b\} = 1$. 当 $\rho_{XY} = 0$ 时,称 X 与 Y 不相关;$|\rho_{XY}| = 1$,称 X 与 Y 完全相关.

证明 (1) 由协方差的性质即可得证.

(2) 设 X^*, Y^* 为 X 及 Y 的标准化随机变量,则
$$D(X^*) = 1, D(Y^*) = 1,$$
从而
$$0 \leqslant D(X^* \pm Y^*) = D(X^*) + D(Y^*) \pm 2Cov(X^*, Y^*) = 2(1 \pm \rho_{XY}),$$
由此可得 $|\rho_{XY}| \leqslant 1$.

(3) 由 $D(X^* \pm Y^*) = 2(1 \pm \rho_{XY})$ 易知,$\rho_{XY} = \pm 1$ 的充要条件是 $D(X^* \mp Y^*) = 0$. 再由 $E(X^* \mp Y^*) = E(X^*) \mp E(Y^*) = 0$ 及方差的性质有
$$P\left(\frac{X - EX}{\sqrt{DX}} \mp \frac{Y - EY}{\sqrt{DY}} = 0\right) = 1.$$
取 $a = \pm \dfrac{\sqrt{DY}}{\sqrt{DX}}, b = EY \mp \dfrac{\sqrt{DY}}{\sqrt{DX}} EX$,得到
$$P(Y = aX + b) = 1.$$

从定理 4 的 (3) 可知,X 与 Y 完全相关的含义是在概率为 1 的意义下存在线性关系. 于是 ρ_{XY} 是一个表示 X 与 Y 之间线性关系紧密程度的量. 当 $|\rho_{XY}|$ 较大时,我们通常说 X 与 Y 之间线性相关程度较好;当 $|\rho_{XY}|$ 较小时,我们说 X 与 Y 之间线性相关程度较差. 若 X 与 Y 不相关,通常我们认为 X 与 Y 之间不存在线性关系,但并不能排除 X 与 Y 之间可能有其他关系.

例 6 设随机向量 (X, Y) 的联合分布律如下,证明 X 与 Y 不相关也不相互独立.

Y＼X	-1	0	1
0	0	$\frac{1}{3}$	0
1	$\frac{1}{3}$	0	$\frac{1}{3}$

证明 X 与 Y 的边缘分布分别为

X	-1	0	1
$p_{i\cdot}$	$\frac{1}{3}$	$\frac{1}{3}$	$\frac{1}{3}$

Y	0	1
$p_{\cdot j}$	$\frac{1}{3}$	$\frac{2}{3}$

利用 (4-14) 式计算协方差有
$$Cov(X, Y) = (-1) \times 1 \times \frac{1}{3} + 0 \times 0 \times \frac{1}{3} + 1 \times 1 \times \frac{1}{3} - \left[(-1) \times \frac{1}{3} + 0 \times \frac{1}{3} + 1 \times \frac{1}{3}\right] \times$$

$$\left(0\times\frac{1}{3}+1\times\frac{2}{3}\right)=0,$$

所以 X 与 Y 不相关. 由 $p_{00}=\frac{1}{3}$, $p_{0}\cdot p_{\cdot 0}=\frac{1}{3}\cdot\frac{1}{3}=\frac{1}{9}$ 得到 $p_{00}\neq p_{0}\cdot p_{\cdot 0}$, 说明 X 与 Y 不相互独立.

例 7　设 $X\sim U[-1,1]$, 记 $Y=X^2$, 证明 X 与 Y 不相关也不相互独立.

证　X 的概率密度为

$$p(x)=\begin{cases}\dfrac{1}{2},&-1\leqslant x\leqslant 1,\\[2mm]0,&\text{其他}.\end{cases}$$

于是 $EX=\displaystyle\int_{-1}^{1}x\cdot\frac{1}{2}\mathrm{d}x=0$, $E(XY)=EX^3=\displaystyle\int_{-1}^{1}x^3\cdot\frac{1}{2}\mathrm{d}x=0$,

$$Cov(X,Y)=E(XY)-EX\cdot EY=0,$$

所以 $\rho_{XY}=\dfrac{Cov(X,Y)}{\sqrt{DX}\ \sqrt{DY}}=0$, 表明 X 与 Y 不相关.

另一方面, 由于 Y 的值完全由 X 的值所确定, 所以 X 与 Y 不相互独立.

一般来说, 独立性与不相关是两个不同的概念. X 与 Y 独立包含了 $\rho_{XY}=0$, 因而 X 与 Y 不相关; 反之, X 与 Y 不相关时, X 与 Y 可以不相互独立.

例 8　设 $(X,Y)\sim N(\mu_1,\mu_2,\sigma_1^2,\sigma_2^2,\rho)$, 试证 X 与 Y 的相关系数 $\rho_{XY}=\rho$.

证　二维随机向量 (X,Y) 的联合密度为

$$p(x,y)=\frac{1}{2\pi\sigma_1\sigma_2\ \sqrt{1-\rho^2}}\mathrm{e}^{-\frac{1}{2(1-\rho^2)}[(\frac{x-\mu_1}{\sigma_1})^2-\frac{2\rho(x-\mu_1)(y-\mu_2)}{\sigma_1\sigma_2}+(\frac{y-\mu_2}{\sigma_2})^2]}.$$

前面已经得到 $EX=\mu_1$, $EY=\mu_2$, $\sigma_{XX}=\sigma_1^2$, $\sigma_{YY}=\sigma_2^2$, 而

$$\sigma_{XY}=\int_{-\infty}^{+\infty}\int_{-\infty}^{+\infty}(x-EX)(y-EY)p(x,y)\mathrm{d}x\mathrm{d}y$$

$$=\frac{1}{2\pi\sigma_1\sigma_2\ \sqrt{1-\rho^2}}\int_{-\infty}^{+\infty}\int_{-\infty}^{+\infty}(x-\mu_1)(y-\mu_2)\mathrm{e}^{-\frac{1}{2(1-\rho^2)}[(\frac{x-\mu_1}{\sigma_1})^2-\frac{2\rho(x-\mu_1)(y-\mu_2)}{\sigma_1\sigma_2}+(\frac{y-\mu_2}{\sigma_2})^2]}\mathrm{d}x\mathrm{d}y,$$

令 $u=\dfrac{x-\mu_1}{\sigma_1}$, $v=\dfrac{y-\mu_2}{\sigma_2}$, 则

$$\sigma_{XY}=\frac{\sigma_1\sigma_2}{2\pi\ \sqrt{1-\rho^2}}\int_{-\infty}^{+\infty}\int_{-\infty}^{+\infty}uv\mathrm{e}^{-\frac{1}{2(1-\rho^2)}[u^2-2\rho uv+v^2]}\mathrm{d}u\mathrm{d}v$$

$$=\frac{\sigma_1\sigma_2}{2\pi}\int_{-\infty}^{+\infty}\left[v\mathrm{e}^{-\frac{1}{2}v^2}\cdot\frac{1}{2\pi\ \sqrt{1-\rho^2}}\int_{-\infty}^{+\infty}u\mathrm{e}^{-\frac{(u-\rho v)^2}{2(1-\rho^2)}}\mathrm{d}u\right]\mathrm{d}v.$$

注意到方括号中的因子 $\dfrac{1}{2\pi\ \sqrt{1-\rho^2}}\displaystyle\int_{-\infty}^{+\infty}u\mathrm{e}^{-\frac{(u-\rho v)^2}{2(1-\rho^2)}}\mathrm{d}u$ 是正态分布 $N(\rho v,1-\rho^2)$ 的期望, 于是

$$\sigma_{XY}=\frac{\sigma_1\sigma_2}{2\pi}\int_{-\infty}^{+\infty}\rho v^2\mathrm{e}^{-\frac{1}{2}v^2}\mathrm{d}v=\rho\sigma_1\sigma_2,$$

从而 $\rho=\rho_{XY}$.

例 8 表明, 若正态随机变量 X 与 Y 不相关, 则 $\rho=0$, 从而 X 与 Y 相互独立, 即 X 与 Y 的独立性与不相关性是等价的. 但是对一般的二维随机变量, 由 X 与 Y 不相关却不能保证它们相互独立.

习题 4

1. 已知 X 的分布律如下,求 $EX, E(-X+1), E(2X^2-3)$.

X	0	1	2	3
P	0.1	0.2	0.3	0.4

2. 一盒零件中有 7 个正品,3 个次品,使用时从中任取一个,如果每次取到的次品不再放回,求在取得正品之前已取出的次品数 X 的期望.

3. 设 X 服从参数为 $p(0<p<1)$ 的几何分布,求 EX.

4. 已知随机变量的概率密度为如下,求 $EX, E(5X-1)$.

$$p(x) = \begin{cases} 4x^3, & 0<x<1, \\ 0, & \text{其他.} \end{cases}$$

5. 设随机变量 X 的概率密度为 $p(x) = \dfrac{1}{2}e^{-|x|}$, $-\infty<x<+\infty$,求 EX.

6. 对球的直径作近似测量,设其值均匀分布在区间 $[a,b]$ 内,求球的体积的均值.

7. 已知 X 的分布律如下,求 EX, DX.

X	0	1	2
P	2/9	6/9	1/9

8. 设 X 的分布律为 $P\{X=k\} = \dfrac{1}{21}$, $k=1,2,\cdots,21$,求 EX, DX.

9. 已知 X 的概率密度为如下,求 $DX, D(2X+1)$.

$$p(x) = \begin{cases} \dfrac{1}{\pi\sqrt{1-x^2}}, & |X| \leqslant 1, \\ 0, & |X| \geqslant 1. \end{cases}$$

10. 设 X 的概率密度为 $p(x) = \dfrac{1}{2}e^{-|x|}$, $-\infty<x<+\infty$,求 DX.

11. 设 $X \sim U[0,2\pi]$,求 $Y=R\cos X$ 的方差.

12. 设 X 服从参数为 $p(0<p<1)$ 的几何分布,求 DX.

13. 已知 (X,Y) 的联合分布律如下,求 $E(X^2+Y^2)$.

X \ Y	-1	0	1
-1	1/8	1/8	1/16
0	1/16	0	1/4
1	1/8	1/16	3/16

14. 设 (X,Y) 的联合分布律如下,计算 σ_{XY} 和 ρ_{XY},判断 X 与 Y 的相关性和独立性.

X\Y	0	1	2	3
1	0	3/8	3/8	0
3	1/8	0	0	1/8

15. 设 (X,Y) 的联合概率密度为

$$p(x,y) = \begin{cases} 4xy, & 0 < x, y < 1, \\ 0, & \text{其他}, \end{cases}$$

求 σ_{XY}, ρ_{XY},并判断 X 和 Y 的相关性与独立性.

16. 设 (X,Y) 服从区域 $G = \{(x,y) \mid x^2 + y^2 \leqslant 1\}$ 上的均匀分布,求 $\sigma_{XX}, \sigma_{YY}, \sigma_{XY}, \rho_{XY}$,并判断 X 和 Y 的相关性与独立性.

17. 已知 X 与 Y 相互独立且概率密度如下,求 $E(XY)$.

$$p_X(x) = \begin{cases} 2x, & 0 \leqslant x \leqslant 1, \\ 0, & \text{其他}, \end{cases} \qquad p_Y(y) = \begin{cases} \mathrm{e}^{-(y-5)}, & y > 5, \\ 0, & y \leqslant 5. \end{cases}$$

18. 已知 $DX = 4, DY = 25, \rho_{XY} = 0.6$,求 $D(X+Y), D(X-Y), D(2X+Y)$.

第5章　大数定律与中心极限定理

本章学习独立随机变量和的极限理论中两类重要的定理：一类是描述一列随机变量和的平均结果的稳定性大数定理，它反映随机变量在大量重复试验下呈现出的客观规律；另一类是描述满足一定条件的一列随机变量和的概率分布的极限定理，称为中心极限定理.

5.1　切贝谢夫不等式

这里介绍一个与期望和方差有关的重要不等式——切贝谢夫不等式.

定理 1　若随机变量 X 存在期望 EX 与方差 DX，则对任意的 $\varepsilon > 0$，有

$$P\{|X - EX| \geqslant \varepsilon\} \leqslant \frac{DX}{\varepsilon^2} \tag{5-1}$$

证明　这里仅对 X 是连续型的情况进行证明，离散型的情况可类似证明. 设 X 的概率密度为 $p(x)$，则

$$
\begin{aligned}
DX &= \int_{-\infty}^{+\infty} (x - EX)^2 p(x) \mathrm{d}x \\
&\geqslant \int_{-\infty}^{EX-\varepsilon} (x - EX)^2 p(x) \mathrm{d}x + \int_{EX+\varepsilon}^{+\infty} (x - EX)^2 p(x) \mathrm{d}x \\
&\geqslant \varepsilon^2 \int_{-\infty}^{EX-\varepsilon} p(x) \mathrm{d}x + \varepsilon^2 \int_{EX+\varepsilon}^{+\infty} p(x) \mathrm{d}x \\
&= \varepsilon^2 P\{X \leqslant EX - \varepsilon\} + \varepsilon^2 P\{X \geqslant EX + \varepsilon\} \\
&= \varepsilon^2 P\{|X - EX| \geqslant \varepsilon\}.
\end{aligned}
$$

于是 $P\{|X - EX| \geqslant \varepsilon\} \leqslant \dfrac{DX}{\varepsilon^2}$.

切贝谢夫不等式（5-1）有如下等价形式：

$$P\{|X - EX| < \varepsilon\} \geqslant 1 - \frac{DX}{\varepsilon^2}. \tag{5-2}$$

切贝谢夫不等式给出了随机变量落在以它的期望为中心，任意长度为半径的区间外的概率的一个上限. 很明显，只有区间半径比 X 的均方差大时，这个上限才小于 1，从而有实际意义. 利用切贝谢夫不等式分析时只需要知道期望和方差，比通过分布讨论概率方便，这就是这个不等式的主要优点. 由（5-1）式可以看出，方差 DX 越小，X 远离它的期望 EX 的可能性就越小. 可见方差反映了随机变量取值集中在 EX 附近的程度，这同前面对方差意义的说明是一致的.

例 1　某生产线平均每天生产 500 件产品，而均方差为 9，试估计一天的产量在 455 和 545 之间的概率.

解　设 X 表示该生产线的日产量，则 $EX = 500$，$DX = 81$. 由（5-2）式，一天的产量在 455 和 545 之间的概率

$$P\{455 \leqslant X \leqslant 545\} = P\{|X - 500| < 45\} \geqslant 1 - \frac{9^2}{45^2} = \frac{24}{25}.$$

例 2　某电站供电网有 10000 盏电灯,夜晚每盏灯开灯的概率都是 0.7,假设开、关时间相互独立,估计夜晚同时使用电灯数量在 6800 与 7200 之间的概率.

解　设 X 表示夜晚同时使用的灯的盏数,则 $X \sim B(10000, 0.7)$. 于是

$$P\{6800 < X < 7200\} = \sum_{k=6801}^{7199} C_{1000}^k \times 0.7^k \times 0.3^{10000-k},$$

但计算比较困难. 用切贝谢夫不等式估计有

$$EX = np = 10000 \times 0.7 = 7000, DX = np(1-p) = 10000 \times 0.7 \times 0.3 = 2100,$$

$$P\{6800 < X < 7200\} = P\{|X - 7000| < 200\} \geqslant 1 - \frac{2100}{200^2} \approx 0.95.$$

由此可见,虽然有 10000 盏灯,但只需要供应 7200 盏灯的电力就能够以足够大的概率保证够用.

例 2 中,切贝谢夫不等式的估计只说明概率大于 0.95,学习了中心极限定理后,读者不难求出这个概率约为 0.99999. 尽管切贝谢夫不等式估计的精度不高,但它在理论上具有重大意义.

5.2　大数定律

概率的统计定义指出,事件 A 发生的频率随着试验次数 n 的增大而具有稳定值,并把这个稳定值定义为事件 A 的概率. 这只是一种粗略的描述,不是严格的数学定义. 下面我们引入一种新的收敛定义,并由此得出严格的数学结论.

定义 1　设 $X_1, X_2, \cdots, X_n, \cdots$ 是一个随机变量序列,a 为常数. 若对任意 $\varepsilon > 0$,有

$$\lim_{n \to \infty} P\{|X_n - a| < \varepsilon\} = 1, \tag{5-3}$$

则称 $X_1, X_2, \cdots, X_n, \cdots$ 依概率收敛于 a,记为 $X_n \xrightarrow{P} a$.

(5-3)式可以等价地表示为

$$\lim_{n \to \infty} P\{|X_n \quad a| \geqslant \varepsilon\} = 0. \tag{5-4}$$

定理 1(伯努利大数定律)　设 X 是 n 次重复独立试验中事件 A 发生的次数,$p(0 < p < 1)$ 是 A 在每次试验中发生的概率,则对任意 $\varepsilon > 0$,有

$$\lim_{n \to \infty} P\left\{\left|\frac{X}{n} - p\right| \geqslant \varepsilon\right\} = 0. \tag{5-5}$$

证明　设 X_i 表示在第 i 次试验中发生的次数,即

$$X_i = \begin{cases} 1, & \text{第 } i \text{ 次试验中事件 } A \text{ 发生,} \\ 0, & \text{第 } i \text{ 次试验中事件 } A \text{ 不发生,} \end{cases}$$

则 $X_i \sim B(1, p)$,并且 $EX_i = p, DX_i = pq, q = 1 - p, i = 1, 2, \cdots, n$. 于是

$$EX = \sum_{i=1}^n EX_i = np, DX = \sum_{i=1}^n DX_i = npq,$$

$$E\left(\frac{X}{n}\right) = \frac{1}{n} EX = p, D\left(\frac{X}{n}\right) = \frac{1}{n^2} DX = \frac{pq}{n}.$$

由概率的非负性和(5-1)式,有

$$0 \leqslant P\left\{\left|\frac{X}{n} - p\right| \geqslant \varepsilon\right\} \leqslant \frac{1}{\varepsilon^2} D\left(\frac{X}{n}\right) = \frac{pq}{\varepsilon^2 n},$$

故 $\lim\limits_{n\to\infty}P\left\{\left|\dfrac{X}{n}-p\right|\geqslant\varepsilon\right\}=0.$

(5−5)式也可写成

$$\lim_{n\to\infty}P\left\{\left|\frac{X}{n}-p\right|<\varepsilon\right\}=1. \qquad (5-6)$$

定理1说明只要重复独立试验的次数 n 足够多,事件 A 发生的频率 X/n 依概率收敛于事件 A 发生的概率 p,从而严格解释了频率稳定于概率的含义.正是基于这一理论,当 n 充分大时,可以用频率作为概率的近似值.当对不同条件下的随机变量序列 $X_1,X_2,\cdots$ 收敛于所希望的平均值进行讨论时,可以得到不同的结论,它们都称为大数定律.下面的定理就可以看成是伯努利大数定律的一种推广.

定理2(独立同分布大数定理) 设 $X_1,X_2,\cdots,X_n,\cdots$ 是独立同分布的随机变量序列,期望和方差分别为 $EX_i=\mu,DX_i=\sigma^2,i=1,2,\cdots$,则对任意 $\varepsilon>0$,有

$$\lim_{n\to\infty}P\left\{\left|\frac{1}{n}\sum_{i=1}^{n}X_i-\mu\right|<\varepsilon\right\}=1. \qquad (5-7)$$

证明 计算得到

$$E\left(\frac{1}{n}\sum_{i=1}^{n}X_i\right)=\frac{1}{n}\sum_{i=1}^{n}EX_i=\mu,\quad D\left(\frac{1}{n}\sum_{i=1}^{n}X_i\right)=\frac{1}{n^2}\sum_{i=1}^{n}DX_i=\frac{\sigma^2}{n}.$$

由切贝谢夫不等式有

$$\lim_{n\to\infty}P\left\{\left|\frac{1}{n}\sum_{i=1}^{n}X_i-\mu\right|<\varepsilon\right\}\geqslant 1-\frac{\sigma^2}{\varepsilon^2 n},$$

于是 $\lim\limits_{n\to\infty}P\left\{\left|\dfrac{1}{n}\sum\limits_{i=1}^{n}X_i-\mu\right|<\varepsilon\right\}=1.$

(5−7)式可写为如下两种形式

$$\lim_{n\to\infty}P\left\{\left|\frac{1}{n}\sum_{i=1}^{n}X_i-E\left(\frac{1}{n}\sum_{i=1}^{n}X_i\right)\right|<\varepsilon\right\}=1,$$

$$\lim_{n\to\infty}P\left\{\left|\frac{1}{n}\sum_{i=1}^{n}X_i-E\left(\frac{1}{n}\sum_{i=1}^{n}X_i\right)\right|\geqslant\varepsilon\right\}=0. \qquad (5-8)$$

定理2表明,当 $n\to\infty$ 时,独立同分布的随机变量的平均值 $\dfrac{1}{n}\sum\limits_{i=1}^{n}X_i$ 的方差趋于0,因此均值 $\dfrac{1}{n}\sum\limits_{i=1}^{n}X_i$ 将比较密集地聚集在 μ 的附近.

定理3(辛钦大数定理) 设随机变量 $X_1,X_2,\cdots,X_n,\cdots$ 相互独立且服从同一分布,期望 $EX_i=\mu,i=1,2,\cdots$,则对任意 $\varepsilon>0$,有

$$\lim_{n\to\infty}P\left\{\left|\frac{1}{n}\sum_{i=1}^{n}X_i-\mu\right|<\varepsilon\right\}=1.$$

证明 从略.

5.3 中心极限定理

人们注意到,在很多情况下,众多随机变量和的分布都近似于正态分布,这正是正态分布在概率论的理论与应用中处于最重要的"中心"位置的原因.

若 $X = \sum_{i=1}^{n} X_i$ 在 $n \to \infty$ 时服从正态分布,则 $\sum_{i=1}^{n} X_i$ 标准化后所得的随机变量

$$Y = \frac{\sum_{i=1}^{n} X_i - E\left(\sum_{i=1}^{n} X_i\right)}{\sqrt{D\left(\sum_{i=1}^{n} X_i\right)}}$$

在 $n \to \infty$ 时服从标准正态分布.

通常把确定在一定条件下一列随机变量之和的极限分布定理称为**中心极限定理**. 下面不加证明地介绍一个最常用的中心极限定理.

定理 1(独立同分布中心极限定理)　若 $X_1, X_2, \cdots, X_n, \cdots$ 是独立同分布的随机变量序列,期望 $EX_i = \mu$,方差 $DX_i = \sigma^2, i = 1, 2, \cdots$,则对任意实数 $a < b$,有

$$\lim_{n \to \infty} P\left\{ a < \frac{\sum_{i=1}^{n} X_i - n\mu}{\sqrt{n}\sigma} < b \right\} = \int_a^b \frac{1}{\sqrt{2\pi}} e^{-\frac{u^2}{2}} \, du. \tag{5-9}$$

定理 1 表明,独立同分布的随机变量和的极限分布是正态分布. 当 n 足够大时,由(5-9)式得到近似公式

$$P\left\{ a < \frac{\sum_{i=1}^{n} X_i - n\mu}{\sqrt{n}\sigma} < b \right\} \approx \Phi(b) - \Phi(a). \tag{5-10}$$

若定理 1 中 $X_i \sim B(1, p), i = 1, 2, \cdots, n$,则 $X = \sum_{i=1}^{n} X_i \sim B(n, p)$. 此时 $EX = np, DX = np(1-p)$,从而有如下结论.

定理 2(德莫费－拉普拉斯极限定理)　若随机变量 $X = \sum_{i=1}^{n} X_i \sim B(n, p), 0 < p < 1$,则对任意实数 $a < b$,有

$$\lim_{n \to \infty} P\left\{ a < \frac{X - np}{\sqrt{np(1-p)}} < b \right\} - \int_a^b \frac{1}{\sqrt{2\pi}} e^{-\frac{u^2}{2}} \, du. \tag{5-11}$$

推论 1　设随机变量 $X \sim B(n, p)$,当 n 充分大时,近似地有 $X \sim N(np, npq)$,从而

$$P\{a < X \leqslant b\} \approx \Phi\left(\frac{b - np}{\sqrt{np(1-p)}}\right) - \Phi\left(\frac{a - np}{\sqrt{np(1-p)}}\right). \tag{5-12}$$

泊松定理告诉我们,当 $p \leqslant 0.1$ 时,二项分布可用泊松分布作近似代替,但定理 2 不受 p 值的限制. 但若 n 很大,p 很小($np \leqslant 5$),则用正态分布近似不如泊松分布近似精确. n 很大是一个较为模糊的概念,经验告诉我们,如果取 $n \geqslant 50$ 则近似程度便可以满足一般要求. 当然 n 越大精度越高. 利用这一公式比直接按二项分布的公式计算概率要简便很多.

例 1　某公司生产的电子元件合格率为 99.5%.

(1)若每箱中装 1000 只这种元件,则不合格品在 2 和 6 只之间的概率是多少?

(2)若以 99% 的概率保证每箱中合格品数不少于 1000 只,问每箱至少应多装几只?

解　(1)设 X 表示"1000 只电子元件中不合格品的只数",则 $X \sim B(1000, 0.005)$,由(5-12)式有

$$P\{2 \leqslant X \leqslant 6\} = \Phi\left(\frac{6 - 1000 \times 0.005}{\sqrt{1000 \times 0.005 \times 0.995}}\right) - \Phi\left(\frac{2 - 1000 \times 0.005}{\sqrt{1000 \times 0.005 \times 0.995}}\right)$$

$$= \Phi(0.45) - \Phi(-1.34) = 0.6736 - (1 - 0.9099) = 0.5835.$$

(2)设每箱中应多装 k 只元件,则不合格品数量 $X \sim B(1000+k, 0.005)$. 由题设

$$P\{X \leqslant k\} \geqslant 0.99,$$

由(5-12)式得

$$P\{X \leqslant k\} = \Phi\left(\frac{k - (1000+k) \times 0.005}{\sqrt{(1000+k) \times 0.005 \times 0.995}}\right) \geqslant 0.99,$$

利用

$$\frac{k - (1000+k) \times 0.005}{\sqrt{(1000+k) \times 0.005 \times 0.995}} \geqslant u_{0.99} = 2.326,$$

得到 $k \geqslant 11$,说明每箱应多装 11 只才能以 99% 以上的概率保证合格品数不低于 1000 只.

例2 某厂计划安装 500 台同样的设备,每台设备的额定输入功率为 3 W,但新增的供电量只有 1260 W,考虑到每台设备各自独立且只有 80% 的时间工作,厂方决定按原计划执行,试问厂方的决定是否合理?

解 500 台设备同时开工需增加电力供应 1500 W. 由于每台设备只有 80% 的时间在工作,若以 X 表示任何时刻正在工作的设备数,则 $X \sim B(500, 0.8)$. 事件 $3X > 1260$ 发生时设备不能正常工作,该事件发生的概率为

$$P\{3X > 1260\} = P\{X > 420\} = P\{X \geqslant 421\} = \sum_{k=421}^{500} C_{500}^k \times (0.8)^k \times (0.2)^{500-k},$$

计算太繁琐. 由于 $n = 500$ 较大,用近似公式(5-12)式有

$$P\left\{421 \leqslant \frac{X - np}{\sqrt{np(1-p)}}\right\} = P\left\{\frac{421 - 500 \times 0.8}{\sqrt{500 \times 0.8 \times 0.2}} < \frac{X - 500 \times 0.8}{\sqrt{500 \times 0.8 \times 0.2}}\right\}$$

$$= \int_{2.35}^{+\infty} \frac{1}{\sqrt{2\pi}} e^{-\frac{u^2}{2}} du = 1 - \Phi(2.35) = 0.0094.$$

这个概率很小,说明设备在 8 小时工作时间内大约有 4.5 分钟不能正常工作,在生产上一般是允许的. 因此可认为厂方的决定是合理的.

习题 5

1. 填空.

(1)设随机变量 X 与 Y 的数学期望分别为 -2 和 2,方差分别为 1 和 4,而相关系数为 -0.5,根据切贝谢夫不等式 $P\{|X+Y| \geqslant 6\} \leqslant$ _____.

(2)随机变量 $X \sim U[0,1]$,由切贝谢夫不等式有 $P\left\{\left|X - \frac{1}{2}\right| \geqslant \frac{1}{3}\right\} \leqslant$ _____.

2. 已知正常成人男性血液中,每一毫升含白细胞数平均为 7300,均方差为 700,利用切贝谢夫不等式估计每毫升含白细胞数在 5200 和 9400 之间的概率.

3. 已知一批小麦种子的不发芽率为 1/6,从中取出 6000 粒进行试播. 用切贝谢夫不等式估计不发芽种子所占比例与 1/6 相差不超过 1% 的概率.

4. 设随机变量 $X_1, X_2, \cdots, X_n, \cdots$ 相互独立,并且 $X_k \sim B(1, 1/2^k)$,$k = 1, 2, \cdots$,证明 $X_1, X_2, \cdots, X_n, \cdots$ 服从大数定律.

5. 掷一颗均匀的色子 100 次,试用中心极限定理计算点数之和在 330 和 380 之间的概率.

6. 某车间有同型号机床 200 部,每部机床开动的概率为 0.7. 假定各机床开动与否互不影响,开动时每部机床需消耗电能 15 个单位. 问至少供应多少单位电能才可以 95% 的概率保证不致因供电不足影响生产.

7. 假设某种型号的螺丝钉的重量是随机变量,期望为 50 克,标准差 5 克.

(1)求一袋装有 100 个螺丝钉的重量超过 5.1 千克的概率.

(2)每箱螺丝钉有 500 袋,求 500 袋最多有 4% 的重量超过 5.1 千克的概率.

8. 投掷一枚均匀的硬币,确定需要投掷多少次才能使得正面出现的频率在 0.4 到 0.6 之间的概率不小于 90%. 分别用切贝谢夫不等式和中心极限定理估计,并比较它们的精度.

第6章　数理统计的基本概念

数理统计是以概率论为基础,研究如何有效地收集、整理和分析具有随机性的数据,从而对所考虑的问题给出推断和预测,为决策和行动的制定提供依据和建议. 数理统计不同于一般的资料统计,更侧重于应用随机现象本身的规律性进行资料的收集、整理和分析. 随着计算机技术的发展,数理统计方法的应用越来越广泛,已成为各学科从事科学研究及生产、经济等部门进行有效工作的必不可少的数学工具. 例如,工业生产中的产品质量控制与抽样检查、气象学中的天气预报、教育科学中的教学质量评估和预测、试卷质量的评价、医学中的疾病分析、药品疗效检验、农业生产中的产品估计与种子优选、人口学中的优生学和人口控制等都渗透了数理统计的方法.

6.1　随机样本

6.1.1　总体与个体

我们把所研究对象(的某项数量指标)的全体称为**总体**,总体中的每个元素称为**个体**.

例如,在考察一批灯泡的平均寿命时,这批灯泡的全体就组成了总体,而其中每个灯泡就是个体;在考察某高校大一男生身高的分布情况时,该校的大一男生就是总体,而每个大一男生就是个体.

我们关注的是个体的某一个或几个数量指标,将此指标记为 X. 在上两例中,X 分别表示该批灯泡的寿命和该校大一男生的身高. 对于选定的数量指标 X,每个个体的取值一般是不同的,并且事先无法准确预测,所以 X 是一个随机变量,它的分布完整地描述了总体中我们所关心的那个数量指标的分布情况. 为方便起见,我们将 X 的全体可能取值与总体等同看待,即总体就是随机变量 X,X 的分布也就是总体的分布,对总体的研究就转化为对随机变量的研究.

总体按其个体数目是有限和无限分为有限总体和无限总体.

6.1.2　简单随机样本

要了解一个总体,最好是了解每一个个体,但这样做太费时间,代价也太高,并且不现实. 一方面对无限总体不可能进行全面观察或试验;另一方面很多观察或试验都具有破坏性,如考察灯泡的寿命、显像管的寿命、炸弹的杀伤力等. 因此,一般采用抽样观察或试验的方式,从总体中抽取一部分个体进行观察或试验,记录试验数据,然后通过这些数据来推断整体的性质. 数理统计方法实质上就是由局部来推断整体的方法.

统计推断时,首先要依照一定的规则抽取 n 个个体,然后对这些个体进行测试或观察得到一组数据 $x_1, x_2, \cdots, x_n$,这一过程称为**抽样**. 抽样前无法知道数据值,于是记所有可能

值为 $X_1, X_2, \cdots, X_n, n$ 维随机向量 $(X_1, X_2, \cdots, X_n)$ 称为总体的一个**样本**, $(x_1, x_2, \cdots, x_n)$ 称为**样本观察值**或**样本值**, n 称为**样本容量**.

从总体中抽取样本的方法有很多, 在此只讨论简单随机抽样. 所谓简单随机抽样, 就是使得总体中的每个个体被抽到的可能性相同. 对有限总体一般采用放回抽样, 当样本容量相对于总体所含个体数目很小时, 可以将不放回抽样当作放回抽样来处理.

定义 1　设随机变量 X 具有分布函数 F, 若 $X_1, X_2, \cdots, X_n$ 相互独立且具有同一分布函数 F, 则称 $(X_1, X_2, \cdots, X_n)$ 为总体 X 的**简单随机样本**, 简称**样本**.

今后如无特别说明, 凡提到样本, 均指简单随机样本.

设总体 X 的分布函数为 $F(x)$, 则样本 $(X_1, X_2, \cdots, X_n)$ 的联合分布函数为

$$F^*(x_1, x_2, \cdots, x_n) = \prod_{i=1}^{n} F(x_i).$$

设总体 X 的概率为 $p(x)$, 则样本 $(X_1, X_2, \cdots, X_n)$ 的联合概率密度为

$$p^*(x_1, x_2, \cdots, x_n) = \prod_{i=1}^{n} p(x_i).$$

6.1.3　统计量

样本含有总体的信息, 但这些信息不集中, 不能直接用于所要研究的问题. 我们需要把样本所含的信息进行数学上的加工, 针对不同的问题构造出样本的函数, 由此对总体进行统计推断, 从而解决问题.

定义 2　设 $(X_1, X_2, \cdots, X_n)$ 是来自总体 X 的一个样本, $g(X_1, X_2, \cdots, X_n)$ 是样本的函数, 若 $g(X_1, X_2, \cdots, X_n)$ 中不含任何未知参数, 则称 $g(X_1, X_2, \cdots, X_n)$ 是一个**统计量**.

设 $(x_1, x_2, \cdots, x_n)$ 是样本 $(X_1, X_2, \cdots, X_n)$ 的观察值, 称 $g(x_1, x_2, \cdots, x_n)$ 是 $g(X_1, X_2, \cdots, X_n)$ 的观察值.

由定义 2, 若 g 是一个统计量, 则 g 是样本 $(X_1, X_2, \cdots, X_n)$ 的函数, 并且不含任何未知参数. 显然统计量 $g(X_1, X_2, \cdots, X_n)$ 也是随机变量. 例如, (X_1, X_2) 是总体 $X \sim N(1, \sigma^2)$ 的一个样本, 其中 σ^2 是未知参数, 则 $X_1 + X_2 - 1$ 和 $\min(X_1, X_2)$ 是统计量, σX_1 不是统计量.

下面介绍几个常用的统计量.

样本均值

$$\bar{X} = \frac{1}{n} \sum_{i=1}^{n} X_i,$$

它反映了总体均值的信息.

样本方差

$$S^2 = \frac{1}{n-1} \sum_{i=1}^{n} (X_i - \bar{X})^2 = \frac{1}{n-1} \Big(\sum_{i=1}^{n} X_i^2 - n\bar{X}^2 \Big),$$

它反映了总体方差的信息.

样本标准差

$$S = \sqrt{\frac{1}{n-1} \sum_{i=1}^{n} (X_i - \bar{X})^2}.$$

样本 k 阶(原点)矩

$$A_k = \frac{1}{n}\sum_{i=1}^n X_i^k, k = 1,2,\cdots.$$

显然,$A_1 = \bar{X}$.

样本 k 阶中心矩

$$B_k = \frac{1}{n}\sum_{i=1}^n (X_i - \bar{X})^k, k = 1,2,\cdots.$$

显然,$B_1 = 0, B_2 = \dfrac{n-1}{n}S^2$.

这五个统计量的观察值分别为

$$\bar{x} = \frac{1}{n}\sum_{i=1}^n x_i, s^2 = \frac{1}{n-1}\sum_{i=1}^n (x_i - \bar{x})^2 = \frac{1}{n-1}\left(\sum_{i=1}^n x_i^2 - n\bar{x}^2\right),$$

$$s = \sqrt{\frac{1}{n-1}\sum_{i=1}^n (x_i - \bar{x})^2}, a_k = \frac{1}{n}\sum_{i=1}^n x_i^k, b_k = \frac{1}{n}\sum_{i=1}^n (x_i - \bar{x})^k, k = 1,2,\cdots.$$

这些观察值仍分别称为样本均值、样本方差、样本标准差、样本 k 阶(原点)矩、样本 k 阶中心矩.

例 1 从一个班级的英语期末考试成绩中随机抽取 10 名同学的成绩,如下

$$100 \quad 85 \quad 70 \quad 65 \quad 90 \quad 95 \quad 63 \quad 50 \quad 77 \quad 86$$

(1)写出总体,样本,样本值,样本容量;

(2)求样本均值,样本方差及样本二阶原点矩.

解 (1)总体 X:该班级所有同学的英语期末考试成绩;

样本:$(X_1, X_2, \cdots, X_{10})$;

样本值:$(x_1, x_2, \cdots, x_{10}) = (100, 85, 70, 65, 90, 95, 63, 50, 77, 86)$;

样本容量:$n = 10$.

(2)由题中数据计算得:

$$\bar{x} = \frac{1}{10}\sum_{i=1}^{10} x_i = 78.1, s^2 = \frac{1}{n-1}\sum_{i=1}^n (x_i - \bar{x})^2 = 252.544, a_2 = \frac{1}{n}\sum_{i=1}^n x_i^2 = 6326.9.$$

6.1.4 经验分布函数

从总体中抽取容量为 n 的样本时,样本观察值 $x_1, x_2, \cdots, x_n$ 中可能有相同的.因此需要对这些观察值进行整理.例如,n 个样本观察值 $x_1, x_2, \cdots, x_n$ 中有 m 个不同的值,按从小到大的顺序依次记为

$$x_{(1)} < x_{(2)} < \cdots < x_{(m)}, m \leqslant n.$$

假设每个 $x_{(i)}$ 出现的频数为 n_i,则每个 $x_{(i)}$ 出现的频率为

$$f_i = \frac{n_i}{n}, i = 1,2,\cdots,m.$$

显然

$$\sum_{i=1}^m n_i = n, \sum_{i=1}^m f_i = 1.$$

定义 3　设函数

$$F_n(x) = \begin{cases} 0, & x < x_{(1)}, \\ \sum_{j=1}^{k} f_j, & x_{(k)} \leqslant x < x_{(k+1)}, k = 1, 2, \cdots, m-1, \\ 1, & x \geqslant x_{(m)}. \end{cases}$$

称 $F_n(x)$ 为**经验分布函数**.

经验分布函数 $F_n(x)$ 具有如下性质：

(1) $0 \leqslant F_n(x) \leqslant 1$；

(2) $F_n(x)$ 单调不减；

(3) $F_n(-\infty) = 0, F_n(+\infty) = 1$；

(4) $F_n(x)$ 在每个观察值 $x_{(i)}$ 处是右连续,点 $x_{(i)}$ 是 $F_n(x)$ 的跳跃间断点,$F_n(x)$ 在该点的跃度就是频率 f_i.

不同的样本值得到的经验分布函数一般不同. 样本容量 n 越大,经验分布函数 $F_n(x)$ 越近似于总体分布函数 $F(x)$.

定理 1（格里文科定理）　当 $n \to \infty$ 时,经验分布函数 $F_n(x)$ 以概率 1 关于 x 一致收敛于总体分布函数 $F(x)$,即

$$P\{\lim_{n \to \infty} \sup_{-\infty < x < +\infty} |F_n(x) - F(x)| = 0\} = 1.$$

这一结论是我们在数理统计中根据样本来推断总体特征的理论基础.

例 2　从某工厂生产的一批荧光灯中抽出 10 只,测得它们的寿命（单位：小时）如下：

95.5　18.1　18.1　26.5　31.7　33.8　8.7　18.1　48.3　48.3

求这批荧光灯寿命的经验分布函数 $F_n(X)$.

解　将数据由小到大排列得

8.7　18.1　18.1　18.1　26.5　31.7　33.8　48.3　48.3　95.5

则经验分布函数为

$$F_n(x) = \begin{cases} 0, & x < 8.7, \\ 0.1, & 8.7 \leqslant x < 18.1, \\ 0.4, & 18.1 \leqslant x < 26.5, \\ 0.5, & 26.5 \leqslant x < 31.7, \\ 0.6, & 31.7 \leqslant x < 33.8, \\ 0.7, & 33.8 \leqslant x < 48.3, \\ 0.9, & 48.3 \leqslant x < 95.5, \\ 1, & x \geqslant 95.5. \end{cases}$$

6.2　正态总体下的抽样分布

利用统计量对总体的某种性质进行推断时,一般要借助于统计量的分布,通常称统计量的分布为**抽样分布**. 当总体的分布类型已知时,如果对任一自然数 n,都能导出抽样分布的明显表达式,这种分布称为精确抽样分布,它对样本容量 n 较小的统计推断问题特别有用. 然而要求出精确抽样分布往往是十分困难的,目前的精确抽样分布大多是在正态总体条件

下得到的. 本节将要介绍的统计三大分布为 χ^2 分布, t 分布和 F 分布.

6.2.1 样本均值 $\overline{X}$ 的分布

正态总体下的样本均值的分布有下面结论.

定理 1 设 $(X_1, X_2, \cdots, X_n)$ 是总体 $X \sim N(\mu, \sigma^2)$ 的一个样本, $\overline{X}$ 为样本均值, 则

$$\overline{X} \sim N\left(\mu, \frac{\sigma^2}{n}\right) \ \text{或} \ \frac{\overline{X} - \mu}{\sqrt{\sigma^2/n}} \sim N(0,1). \tag{6-1}$$

证明 由于 $X_1, X_2, \cdots, X_n$ 相互独立且 $X_i \sim N(\mu, \sigma^2)$, $i = 1, 2, \cdots, n$, 线性函数 $\overline{X} = \frac{1}{n}\sum\limits_{i=1}^{n} X_i$ 也服从正态分布. 计算得

$$E\overline{X} = E\left(\frac{1}{n}\sum_{i=1}^{n}X_i\right) = \frac{1}{n}\sum_{i=1}^{n}EX_i = \mu, \ D\overline{X} = D\left(\frac{1}{n}\sum_{i=1}^{n}X_i\right) = \frac{1}{n^2}\sum_{i=1}^{n}DX_i = \frac{\sigma^2}{n},$$

所以

$$\overline{X} \sim N\left(\mu, \frac{\sigma^2}{n}\right) \ \text{或} \ \frac{\overline{X} - \mu}{\sqrt{\sigma^2/n}} \sim N(0,1).$$

通常称 $\dfrac{\overline{X} - \mu}{\sqrt{\sigma^2/n}}$ 为 U 统计量. 在后面的章节中将用它对总体进行统计推断.

例 1 设总体 X 服从正态分布 $N(72, 10^2)$, 若样本均值大于 70 的概率不小于 90%, 问样本容量至少应取多少?

解 由题设知 $\overline{X} \sim N\left(72, \dfrac{10^2}{n}\right)$, 从而

$$P\{\overline{X} > 70\} = 1 - P\{\overline{X} \leqslant 70\} = 1 - \Phi\left(\frac{70 - 72}{\sqrt{10^2/n}}\right) = 1 - \Phi(-0.2\sqrt{n}) = \Phi(0.2\sqrt{n})$$

$$\geqslant 0.9,$$

查标准正态分布表有 $\Phi(1.29) = 0.9015$, 由 $0.2\sqrt{n} \geqslant 1.29$ 得到 $n \geqslant 41.6025$, 于是样本容量至少为 42 才能使样本均值大于 70 的概率不小于 90%.

6.2.2 χ^2 分布

定义 1 若随机变量 Y 的密度函数为

$$f(y) = \begin{cases} \dfrac{1}{2^{n/2}\Gamma(n/2)} y^{n/2-1} e^{-y/2}, & y > 0, \\ 0, & y \leqslant 0, \end{cases} \tag{6-2}$$

其中 $\Gamma(\alpha) = \int_0^{+\infty} x^{\alpha-1} e^{-x} dx (\alpha > 0)$, 则称 Y 服从**自由度为 n 的 χ^2 分布**, 记为 $Y \sim \chi^2(n)$. 图 6-1 给出了自由度为 1, 4, 7, 11 的 χ^2 分布的密度函数曲线.

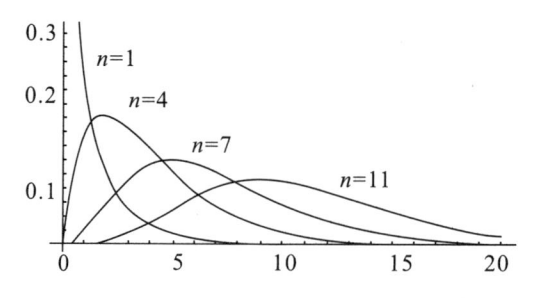

图 6-1　χ^2 分布的密度函数曲线

从图 6-1 可以看出,当自由度 n 增大时,密度曲线逐渐接近于正态分布的密度曲线.自由度是(6-2)式中的参数 n,我们也可从下面的定理中理解为独立变量的个数.

定理 2　设 $(X_1, X_2, \cdots, X_n)$ 是正态总体 $X \sim N(0,1)$ 的一个样本,则 $\sum\limits_{i=1}^{n} X_i^2 \sim \chi^2(n)$.

定理 3　设 Y 与 Z 相互独立,$Y \sim \chi^2(n_1)$,$Z \sim \chi^2(n_2)$,则 $Y + Z \sim \chi^2(n_1 + n_2)$.

定理 4　若 $\chi^2 \sim \chi^2(n)$,则 $E\chi^2 = n$,$D\chi^2 = 2n$.

定理 5　设 $(X_1, X_2, \cdots, X_n)$ 是来自总体 $X \sim N(\mu, \sigma^2)$ 的一个样本,$\overline{X}, S^2$ 分别是样本均值和样本方差,则

(1) $\dfrac{(n-1)S^2}{\sigma^2} \sim \chi^2(n-1)$;

(2) $\overline{X}$ 与 S^2 相互独立.

定义 2　设 $\chi^2 \sim \chi^2(n)$,对任意 α $(0 < \alpha < 1)$,如果

$$P\{\chi^2 > \chi_\alpha^2(n)\} = \int_{\chi_\alpha^2(n)}^{+\infty} f(y)\mathrm{d}y = \alpha,$$

则称 $\chi_\alpha^2(n)$ 为自由度为 n 的 χ^2 分布的上 α 分位点,如图 6-2 所示.

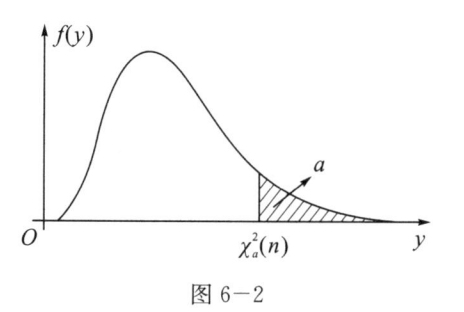

图 6-2

例 2　已知 $Y \sim \chi^2(8)$,$P\{Y > \lambda_1\} = 0.05$,$P\{Y < \lambda_2\} = 0.05$,求 λ_1, λ_2.

解　查表得 $\lambda_1 = \chi_{0.05}^2(8) = 15.507$. 由 $P\{Y < \lambda_2\} = 0.05$ 得 $P\{Y \geqslant \lambda_2\} = 0.95$,所以

$$\lambda_2 = \chi_{0.05}^2(8) = 2.733.$$

标准正态分布的 α 分位点常用 u_α 表示.

例 3　设 $X \sim N(0,1)$,查表求 $u_{0.05}$ 与 $u_{0.025}$.

解　由标准正态分布表,$\Phi(1.645) = 0.95$,即 $P\{X \leqslant 1.645\} = 0.95$,从而

$$P\{X > 1.645\} = 1 - P\{X \leqslant 1.645\} = 1 - 0.95 = 0.05,$$

故 $u_{0.05}=1.645$. 同理,由 $\Phi(1.96)=0.975$ 得 $u_{0.025}=1.96$.

6.2.3 t 分布

定义 3 如果随机变量 T 的密度函数为

$$f(x) = \frac{\Gamma\left[(n+1)/2\right]}{\sqrt{n\pi}\,\Gamma(n/2)}\left(1+\frac{x^2}{n}\right)^{-(n+1)/2}, \quad -\infty < x < +\infty, \tag{6-3}$$

则称 T 服从**自由度为 n 的 t 分布**,记为 $T \sim t(n)$.

图 6-3 给出了自由度分别为 1,5,20 的 t 分布的密度函数曲线.

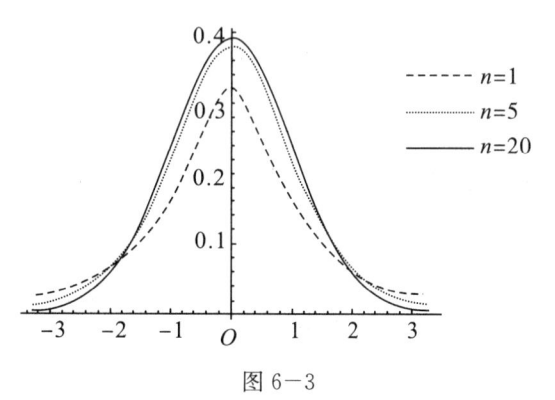

图 6-3

显然,t 分布的密度函数 $f(x)$ 关于 $x=0$ 对称,并且

$$\lim_{n\to\infty} f(x) = \frac{1}{\sqrt{2\pi}}\mathrm{e}^{\frac{-x^2}{2}}, \quad -\infty < x < +\infty.$$

用 $t_\alpha(n)$ 表示 t 分布的 α 分位点,则由对称性知 $t_{1-\alpha}(n) = -t_\alpha(n)$. 具体计算时可查 t 分布表.

例 4 设随机变量 $T \sim t(20)$,取 $n=20$,求 λ 满足 $P\{T<\lambda\}=0.025$.

解 由 $P\{T<\lambda\}=0.025$ 得 $P\{T\geqslant\lambda\}=0.975$,所以

$$\lambda = t_{0.975}(20) = -t_{0.025}(20) = -2.0560.$$

定理 6 设 $X \sim N(0,1)$,$Y \sim \chi^2(n)$,并且 X 与 Y 相互独立,则

$$\frac{X}{\sqrt{Y/n}} \sim t(n). \tag{6-4}$$

由定理 1,定理 5 及定理 6 可得如下结论.

定理 7 设 $(X_1, X_2, \cdots, X_n)$ 是正态总体 $X \sim N(\mu, \sigma^2)$ 的一个样本,则

$$\frac{\bar{X}-\mu}{\sqrt{S^2/n}} \sim t(n-1), \tag{6-5}$$

其中 $\bar{X}$,S^2 分别为样本均值和样本方差.

定理 8 设 $(X_1, X_2, \cdots, X_{n_1})$ 和 $(Y_1, Y_2, \cdots, Y_{n_2})$ 分别是来自总体 $X \sim N(\mu_1, \sigma_1^2)$ 和总体 $Y \sim N(\mu_2, \sigma_2^2)$ 的样本,并且 X 与 Y 相互独立,样本均值分别是 $\bar{X}$,$\bar{y}$,样本方差分别是 S_1^2,S_2^2,则当 $\sigma_1^2 = \sigma_2^2 = \sigma^2$ 时,有

$$\frac{(\bar{X} - \bar{y}) - (\mu_1 - \mu_2)}{S_w \sqrt{\dfrac{1}{n_1} + \dfrac{1}{n_2}}} \sim t(n_1 + n_2 - 2), \tag{6-6}$$

其中

$$S_w = \sqrt{\frac{(n_1 - 1)S_1^2 + (n_2 - 1)S_2^2}{n_1 + n_2 - 2}}.$$

6.2.4　F 分布

定义 4　若随机变量 F 的分布密度为

$$f(x) = \begin{cases} \dfrac{\Gamma[(n_1 + n_2)/2] \, (n_1/n_2)^{n_1/2} x^{(n_1/2)-1}}{\Gamma(n_1/2)\Gamma(n_2/2) \, [1 + (n_1 x/n_2)]^{(n_1+n_2)/2}}, & x > 0, \\ 0, & x \leqslant 0, \end{cases} \tag{6-7}$$

则称 F 服从**自由度为 (n_1, n_2) 的 F 分布**，记为 $F \sim F(n_1, n_2)$，其中 n_1, n_2 是正整数，分别称为**第一自由度、第二自由度**. 图 6-4 给出了自由度分别 $(1, 10), (5, 10), (10, 10), (100, 10)$ 的的密度曲线.

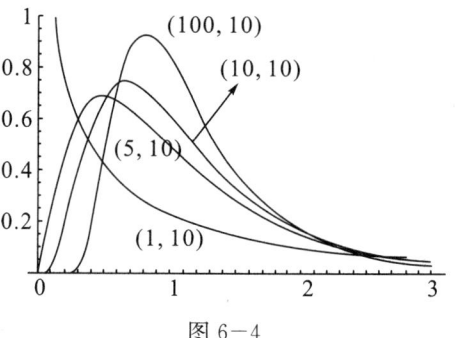

图 6-4

定理 9　设 $X \sim \chi^2(n_1), Y \sim \chi^2(n_2)$，并且 X 与 Y 相互独立，则

$$\frac{X/n_1}{Y/n_2} \sim F(n_1, n_2).$$

推论 1　设 $(X_1, X_2, \cdots, X_{n_1})$ 是总体 $X \sim N(\mu_1, \sigma_1^2)$ 的一个样本，$(Y_1, Y_2, \cdots, Y_{n_2})$ 是总体 $Y \sim N(\mu_2, \sigma_2^2)$ 的一个样本，并且 X 与 Y 相互独立，S_1^2, S_2^2 分别是样本方差，则

$$\frac{S_1^2/\sigma_1^2}{S_2^2/\sigma_2^2} \sim F(n_1 - 1, n_2 - 1).$$

推论 2　若 $F \sim F(n_1, n_2)$，则 $\dfrac{1}{F} \sim F(n_2, n_1)$.

由此，我们得到 F 分布的 α 分位点 $F_\alpha(n_1, n_2)$ 满足

$$F_{1-\alpha}(n_1, n_2) = \frac{1}{F_\alpha(n_2, n_1)}.$$

利用这个性质可求出 F 分布表中没有给出的 α 分位点.

例 5　设随机变量 $F \sim F(8, 5)$，求 λ_1, λ_2 满足 $P\{F > \lambda_1\} = P\{F < \lambda_2\} = 0.025$.

解　$\lambda_1 = F_{0.025}(8, 5) = 3.34$. 由 $P\{F < \lambda_2\} = 0.025$ 得 $P\{F \geqslant \lambda_2\} = 0.975$，于是

$$\lambda_2 = F_{0.975}(8, 5) = \frac{1}{F_{0.025}(5, 8)} = \frac{1}{4.82} = 0.207.$$

习题 6

1. 设 $(X_1, X_2, \cdots, X_n)$ 是来自总体 $N(\mu, \sigma^2)$ 的样本,其中 μ 已知,σ^2 未知. 判断样本函数 $T_1 = X_1 + X_2 + X_3$,$T_2 = X_2 + 2\mu$,$T_3 = \max(X_1, X_2, X_3)$,$T_4 = \frac{1}{\sigma^2} \sum_{i=1}^{3} X_i^2$,$T_5 = |X_3 - X_1|$ 中哪些是统计量,哪些不是? 为什么?

2. 五块条件基本相同的田地上种植农作物,亩产量(单位:斤)分别为

$$92 \quad 94 \quad 103 \quad 105 \quad 106$$

试求样本均值和样本方差.

3. 试由样本观察值:$-8, -6, 3, 5, 6$ 求出样本均值和样本方差.

4. 某小学五年级 20 名学生的身高(单位:cm)如下,试求身高的经验分布函数.

$$150 \quad 150 \quad 150 \quad 152 \quad 153 \quad 149 \quad 153 \quad 148 \quad 154 \quad 149$$
$$153 \quad 154 \quad 150 \quad 152 \quad 156 \quad 154 \quad 150 \quad 148 \quad 154 \quad 151$$

5. 在总体 $N(52, 5^2)$ 中随机抽取一个容量为 36 的样本,求样本均值落在 50.8 和 53.8 之间的概率.

6. 在总体 $N(80, 20^2)$ 中随机抽取一个容量为 100 的样本,试求样本均值与总体均值之差的绝对值大于 0.3 的概率.

7. 已知 $X \sim \chi^2(12)$.

(1) 求 $\chi^2_{0.025}(12)$,$\chi^2_{0.975}(12)$;

(2) 若 $P\{X > c\} = 0.05$,求 c.

8. 已知 $X \sim t(10)$.

(1) 求 $t_{0.01}(10)$,$t_{0.99}(10)$;

(2) 若 $P\{X > c\} = 0.025$,求 c;

(3) 若 $P\{X < c\} = 0.95$,求 c.

第 7 章　参数估计

在实际问题中,我们常常需要估计一些未知参数的值,例如一批灯泡的平均寿命、一批电子元件的次品率、湖中鱼的数量、某地区 12 岁女性的平均身高等.利用样本对总体的未知参数进行估计称为参数估计.参数估计是统计推断的重要内容之一,有两种方式:一种是对参数取值的估计,称为点估计;另一种是对参数取值范围的估计,称为区间估计.

7.1　点估计

7.1.1　点估计的概念

定义 1　设 θ 是总体 X 的一个未知参数,θ 是总体 X 的一个样本,$(x_1, x_2, \cdots, x_n)$ 是样本观察值.构造一个适当的统计量 $\hat{\theta} = \hat{\theta}(X_1, X_2, \cdots, X_n)$,并用观察值来估计未知参数 θ,则称 $\hat{\theta}(X_1, X_2, \cdots, X_n)$ 是未知参数 θ 的一个**估计量**,称 $\hat{\theta} = \hat{\theta}(x_1, x_2, \cdots, x_n)$ 为 θ 的一个**估计值**.

θ 的估计量和估计值统称为 θ 的点估计.问题的关键是找一个合适的统计量,方法有很多,本章只介绍两种常用的点估计方法:矩估计法和极大似然估计法.

7.1.2　矩估计法

矩估计法是基于一种简单的替换思想建立起来的,用样本矩作为总体矩的估计量,以样本矩的连续函数作为相应总体矩的连续函数的估计量.

定义 2　设总体 X 有 m 个未知参数 $\theta_1, \theta_2, \cdots, \theta_m$,如果总体的前 m 阶原点矩 $\upsilon_1, \upsilon_2, \cdots, \upsilon_m$ 都存在,并且都依赖于参数 $\theta_1, \theta_2, \cdots, \theta_m$,记为

$$\upsilon_k = \upsilon_k(\theta_1, \theta_2, \cdots, \theta_m), k = 1, 2, \cdots, m,$$

用样本的 k 阶原点 $A_k = \dfrac{1}{n} \sum\limits_{i=1}^{n} X_i^k$ 分别代替 υ_k,可得方程组

$$\upsilon_1(\hat{\theta}_1, \cdots, \hat{\theta}_m) = A_1, \upsilon_2(\hat{\theta}_1, \cdots, \hat{\theta}_m) = A_2, \cdots, \upsilon_m(\hat{\theta}_1, \cdots, \hat{\theta}_m) = A_m.$$

若解得

$$\hat{\theta}_i = \hat{\theta}_i(X_1, X_2, \cdots, X_n), i = 1, 2, \cdots, m,$$

则称 $\hat{\theta}_i$ 为 θ_i 的**矩估计量**.

若 $\hat{\theta}$ 为 θ 的矩估计量,那么 $g(\hat{\theta})$ 为 $g(\theta)$ 的矩估计量.

例 1　设总体 X 的期望 EX 和方差 DX 都存在但未知,$(X_1, X_2, \cdots, X_n)$ 是总体的样本.试求 EX, DX 的矩估计量.

解　总体 X 的一阶和二阶原点矩分别为 $\mu_1 = EX, \mu_2 = E(X^2) = DX + [E(X)]^2$. 由

$$\hat{EX} = A_1, \hat{DX} + \hat{EX}^2 = A_2$$

解得 EX, DX 的矩估计量分别为

$$\hat{EX} = A_1 = \bar{X}, \tag{7-1}$$

$$\hat{DX} = A_2 - A_1^2 = \frac{1}{n}\sum_{i=1}^{n} X_i^2 - \bar{X}^2 = \frac{1}{n}\sum_{i=1}^{n}(X_i^2 - \bar{X})^2 = B_2. \tag{7-2}$$

无论总体服从什么概率分布,只要总体的期望 EX 与方差 DX 都存在,那么都可以用样本均值作为 EX 的矩估计量,样本二阶中心矩作为 DX 的矩估计量. 在进行矩估计时,也可以用中心矩建立关于未知参数的方程组. 若只有一个未知参数,则(7-1)式列方程求解较简单,若有两个未知参数,则用(7-1)式和(7-2)式列方程组即可求得. 一般情况下,矩估计量不是唯一的. 如总体 X 服从参数为 λ 的泊松分布,则参数 λ 的矩估计量既可以是样本均值,又可以是样本二阶中心矩.

例 2　设总体 X 的概率密度为

$$p(x) = \begin{cases} (\alpha + 1)x^\alpha, & 0 < x < 1, \\ 0, & \text{其他}, \end{cases}$$

其中 $\alpha > -1$ 是未知参数,$(X_1, X_2, \cdots, X_n)$ 为总体 X 的样本,求 α 的矩估计量.

解　总体的一阶原点矩为

$$EX = \int_{-\infty}^{+\infty} x p(x)\mathrm{d}x = \int_0^1 (\alpha + 1)x^{\alpha+1}\mathrm{d}x = \frac{\alpha + 1}{\alpha + 2},$$

从 $\dfrac{\hat{\alpha} + 1}{\hat{\alpha} + 2} = \bar{X}$ 解得 α 的矩估计量为

$$\hat{\alpha} = \frac{2\bar{X} - 1}{1 - \bar{X}}.$$

例 3　设总体 $X \sim U[a, b]$,a, b 是未知参数,$(X_1, X_2, \cdots, X_n)$ 是总体 X 的一个样本,求 a, b 的矩估计量.

解　总体 X 的期望和方差分别为 $EX = \dfrac{a+b}{2}, DX = \dfrac{1}{12}(b-a)^2$. 由方程组

$$\hat{a} + \hat{b} = 2\bar{X}, \hat{b} - \hat{a} = \sqrt{12B_2}$$

得到矩估计量 $\hat{a} = \bar{X} - \sqrt{3B_2}, \hat{b} = \bar{X} + \sqrt{3B_2}$.

矩估计法原理简单、使用方便,而且具有一定的优良性质,在实际问题中常被使用. 然而在总体分布类型已知的情况下,它没有充分利用分布提供的信息. 因此,我们在使用矩估计法时,要注意所求估计的合理性.

7.1.3　极大似然估计法

极大似然估计法是在总体分布类型已知的情况下使用的一种参数估计方法. 它建立在如下直观想法的基础上:假定一个随机试验有若干个可能结果 $A, B, C, \cdots$,若只进行了一次试验,结果 A 出现了,那么有理由认为该试验出现结果 A 的概率最大. 例如,有一大批产品是由甲、乙两厂家提供的,其比例为 9:1,但不知是哪个厂家提供得多. 现设甲厂提供的

产品所占比例为 p,从中随机抽取两件产品,结果都是甲厂的,于是我们可以认定 $p=0.9$.
这是因为,当 $p=0.9$ 时,两件产品都是甲厂的概率近似为 $0.9^2=0.81$;而当 $p=0.1$ 时,这时概率只有 0.01,显然 $p=0.9$ 的两件产品都是甲厂提供的概率最大.

极大似然估计法的基本思想是未知参数的估计值应使得所得样本观察值出现的概率最大. 这个自然而合理的想法在 18 世纪就被高斯和伯努利所使用,但极大似然估计法的一些性质直到 20 世纪初才由费希尔所研究,因此人们常常把这种方法的建立归功于费希尔. 极大似然估计法在理论上具有很多优良的性质,至今仍然是参数点估计中最重要的方法之一.

定义 3 设总体 X 的概率密度是 $p(x;\theta_1,\theta_2,\cdots,\theta_m)$,其中 $\theta_1,\theta_2,\cdots,\theta_m$ 是未知参数. 对于给定的一组样本值 $(x_1,x_2,\cdots,x_n)$,称

$$L(\theta_1,\theta_2,\cdots,\theta_m) = \prod_{i=1}^{n} p(x_i;\theta_1,\theta_2,\cdots,\theta_m) \qquad (7-3)$$

为样本的**似然函数**.

若存在 $\hat{\theta}_i(x_1,x_2,\cdots,x_n)$,$i=1,2,\cdots,m$,满足

$$L(\hat{\theta}_1,\hat{\theta}_2,\cdots,\hat{\theta}_m) = \max_{\theta_1\cdots\theta_m} L(\theta_1,\theta_2,\cdots,\theta_m),$$

则称 $\hat{\theta}_i(x_1,x_2,\cdots,x_n)$ 为 θ_i 的**极大似然估计值**,而称 $\hat{\theta}_i(X_1,X_2,\cdots,X_n)$ 为 θ_i 的**极大似然估计量**.

当似然函数 L 关于 $\theta_1,\theta_2,\cdots,\theta_m$ 的偏导数存在时,可以利用微分学中求极值的方法求得 $\hat{\theta}_i$,$i=1,2,\cdots,m$. 此时 $\hat{\theta}_i$ 满足下述方程组:

$$\frac{\partial L}{\partial \theta_1} = \frac{\partial L}{\partial \theta_2} = \cdots = \frac{\partial L}{\partial \theta_m} = 0. \qquad (7-4)$$

$(7-4)$式也称为**似然方程组**. 由于 L 与 $\ln L$ 同时达到最大值,所以似然方程组$(7-4)$式也可用下述方程组代替,

$$\frac{\partial \ln L}{\partial \theta_1} = \frac{\partial \ln L}{\partial \theta_2} = \cdots = \frac{\partial \ln L}{\partial \theta_m} = 0. \qquad (7-5)$$

例 4 设总体 X 的分布律为

X	0	1	2	3
p	θ^2	$2\theta(1-\theta)$	θ^2	$1-2\theta$

其中 $\theta\left(0<\theta<\dfrac{1}{2}\right)$ 是未知参数. 利用总体 X 的样本观察值 $(3,1,3,0,3,1,2,3)$,求 θ 的矩估计值和极大似然估计值.

解 矩估计法. 计算期望得到

$$EX = 0\cdot\theta^2 + 1\cdot 2\theta(1-\theta) + 2\cdot\theta^2 + 3\cdot(1-2\theta) = 3-4\theta.$$

由 $\bar{x} = \dfrac{1}{8}\sum_{i=1}^{8} x_i = 2$ 得方程 $3-4\hat{\theta}=2$,解得 θ 的矩估计值为 $\hat{\theta} = \dfrac{1}{4}$.

极大似然估计. 似然函数为

$$L = \prod_{i=1}^{8} p\{X_i = x_i\} = 4\theta^6(1-\theta)^2(1-2\theta)^4.$$

取对数得

$$\ln L = \ln 4 + 6\ln\theta + 2\ln(1-\theta) + 4\ln(1-2\theta).$$

由

$$\frac{\mathrm{d}\ln L}{\mathrm{d}\theta} = \frac{6}{\theta} - \frac{2}{1-\theta} - \frac{8}{1-2\theta} = 0,$$

解得 $\theta = \dfrac{7 \pm \sqrt{13}}{12}$. 由于 $\dfrac{7+\sqrt{13}}{12} > \dfrac{1}{2}$ 不合题意, 所以 θ 的极大似然估计值为 $\hat{\theta} = \dfrac{7-\sqrt{13}}{12}$.

例5 设总体 X 的概率密度为

$$p(x;\lambda) = \begin{cases} \lambda\alpha x^{\alpha-1}\mathrm{e}^{-\lambda x^{\alpha}}, & x > 0, \\ 0, & x \leqslant 0, \end{cases}$$

其中 $\lambda > 0$ 未知, $\alpha > 0$ 是已知常数. 根据样本 $(x_1, x_2, \cdots, x_n)$, 求 λ 的极大似然估计.

解 当 $x_i > 0, i = 1, 2, \cdots, n$ 时, 似然函数为

$$L = \prod_{i=1}^{n} p(x_i;\lambda) = (\lambda\alpha)^n (x_1 x_2 \cdots x_n)^{\alpha-1} \mathrm{e}^{-\lambda\sum\limits_{i=1}^{n} x_i^{\alpha}}.$$

取对数得

$$\ln L = n\ln(\lambda\alpha) + (\alpha-1)\ln(x_1 x_2 \cdots x_n) - \lambda\sum_{i=1}^{n} x_i^{\alpha}.$$

由 $\dfrac{\mathrm{d}\ln L}{\mathrm{d}\lambda} = 0$ 得

$$\frac{n}{\lambda} - \sum_{i=1}^{n} x_i^{\alpha} = 0,$$

所以 λ 的极大似然估计值为

$$\hat{\lambda} = \frac{n}{\sum\limits_{i=1}^{n} x_i^{\alpha}}.$$

例6 设样本 $(x_1, x_2, \cdots, x_n)$ 是正态总体 $X \sim N(\mu, \sigma^2)$ 的样本观察值, 其中 μ, σ^2 为未知参数, 求 μ, σ^2 的极大似然估计.

解 X 的概率密度为

$$p(x) = \frac{1}{\sqrt{2\pi}\sigma}\mathrm{e}^{-\frac{(x-\mu)^2}{2\sigma^2}}, \quad -\infty < x < +\infty.$$

于是, 似然函数为

$$L = \prod_{i=1}^{n} \frac{1}{\sqrt{2\pi}\sigma}\mathrm{e}^{-\frac{(x_i-\mu)^2}{2\sigma^2}} = \frac{1}{(2\pi\sigma^2)^{\frac{n}{2}}}\mathrm{e}^{-\frac{1}{2\sigma^2}\sum\limits_{i=1}^{n}(x_i-\mu)^2},$$

从而

$$\ln L = -\frac{n}{2}\ln(2\pi\sigma^2) - \frac{1}{2\sigma^2}\sum_{i=1}^{n}(x_i-\mu)^2.$$

记 $\theta = \sigma^2$, 则似然方程组为

$$\frac{\partial\ln L}{\partial\mu} = \frac{1}{\theta}\sum_{i=1}^{n}(x_i-\mu) = 0, \quad \frac{\partial\ln L}{\partial\theta} = -\frac{n}{2\theta} + \frac{1}{2\theta^2}\sum_{i=1}^{n}(x_i-\mu)^2 = 0.$$

解得 μ, σ^2 的极大似然估计值为

$$\hat{\mu} = \frac{1}{n}\sum_{i=1}^{n} x_i = \bar{x}, \quad \hat{\sigma}^2 = \hat{\theta} = \frac{1}{n}\sum_{i=1}^{n}(x_i-\bar{x})^2.$$

于是 μ,σ^2 的极大似然估计值分别为 $\hat{\mu}=\bar{X},\hat{\sigma}^2=B_2.$

例 6 得到的极大似然估计与例 1 的矩估计相同. 但对一些分布, 矩估计量和极大似然估计量并不一致. 通常用矩估计法较为方便, 但当样本容量 n 较大时, 矩估计量的精度一般不及极大似然估计量的高.

7.2　估计量的评选标准

从上一节可以看到, 对于同一参数, 用不同的估计方法求出的估计量可能不同. 我们自然会问, 采用哪个估计量好呢? 这就涉及用什么样的标准来评判估计量的问题. 下面介绍三个常用的标准.

7.2.1　无偏性

参数 θ 的估计量 $\hat{\theta}(X_1,X_2,\cdots,X_n)$ 是一个随机变量. 对于一次确定的试验, θ 的估计值 $\hat{\theta}(x_1,x_2,\cdots,x_n)$ 不一定正好就是真值 θ, 而且不同的试验所得到的估计值也不尽相同, 因此我们不能根据一次确定的试验结果来判断估计量的好坏. 然而我们希望在多次试验中, 用 $\hat{\theta}$ 作为 θ 的估计没有系统误差.

定义 1　如果未知参数 θ 的估计量 $\hat{\theta}(X_1,X_2,\cdots,X_n)$ 满足 $E\hat{\theta}=\theta$, 则称 $\hat{\theta}$ 为 θ 的无偏估计量.

例 1　设总体 X 的期望 μ 与方差 σ^2 均存在, $(X_1,X_2,\cdots,X_n)$ 是 X 的样本. 证明:

(1) $\bar{X}=\dfrac{1}{n}\sum_{i=1}^{n}X_i$ 是 μ 的无偏估计;

(2) $T=\sum_{i=1}^{n}c_iX_i$ 是 μ 的无偏估计, 其中 $c_i\geq 0$, $\sum_{i=1}^{n}c_i=1$;

(3) $B_2=\dfrac{1}{n}\sum_{i=1}^{n}(X_i-\bar{X})^2$ 不是 σ^2 的无偏估计;

(4) $S^2=\dfrac{1}{n-1}\sum_{i=1}^{n}(X_i-\bar{X})^2$ 是 σ^2 的无偏估计.

证明　因为 $(X_1,X_2,\cdots,X_n)$ 是总体 X 的样本, 所以
$$EX_i=\mu,DX_i=\sigma^2,i=1,\cdots,n.$$

(1) 由 $E\bar{X}=\mu$, 说明 $\bar{X}$ 是 μ 的无偏估计.

(2) 由 $ET=E(\sum_{i=1}^{n}c_iX_i)=\sum_{i=1}^{n}c_iEX_i=\mu\sum_{i=1}^{n}c_i=\mu$, 说明 T 是 μ 的无偏估计.

(3) 由 $D\bar{X}=\dfrac{\sigma^2}{n}$, 有
$$EB_2=E\left(\frac{1}{n}\sum_{i=1}^{n}(X_i-\bar{X})^2\right)=\frac{1}{n}\sum_{i=1}^{n}E(X_i^2)-E(\bar{X}^2)$$
$$=\frac{1}{n}\sum_{i=1}^{n}[DX_i+(EX_i)^2]-[D\bar{X}+(E\bar{X})^2]$$

$$= \frac{1}{n}(n\sigma^2 + n\mu^2) - \frac{\sigma^2}{n} - \mu^2 = \frac{n-1}{n}\sigma^2 \neq \sigma^2,$$

说明样本二阶中心矩 B_2 不是 σ^2 的无偏估计.

(4)由 $E(S^2) = E\left(\frac{n}{n-1}B_2\right) = \frac{n}{n-1} \cdot \frac{n-1}{n}\sigma^2 = \sigma^2$,说明样本方差 S^2 是 σ^2 的无偏估计.

由有偏估计 B_2 修改为无偏估计 S^2 是一种常用的方法,这正是样本方差一般采用 S^2,不用 B_2 的原因,但 S 却不是 σ 的无偏估计.

由于 $\lim\limits_{n\to\infty}\frac{n-1}{n}\sigma^2 = \sigma^2$,所以在 n 较大时,也可用 B_2 作为 σ^2 的估计量. 一般地,若 θ 的一个估计量 $\hat\theta$ 不一定是无偏的,但当 $n\to\infty$ 时,$E\hat\theta\to\theta$,则称 $\hat\theta$ 为 θ 的**渐近无偏估计量**.

7.2.2 有效性

例 1 中的 $\bar X, T = \sum\limits_{i=1}^{n} a_i X_i$ 都是总体期望 μ 的无偏估计,哪一个更好呢?我们自然想到,一个好的估计量应该取值稳定,因而要求方差小.

定义 2 如果 $\hat\theta_1$ 和 $\hat\theta_2$ 都是 θ 的无偏估计,且 $D\hat\theta_1 < D\hat\theta_2$,则称 $\hat\theta_1$ 比 $\hat\theta_2$ **有效**.

例 2 设总体 X 的期望 μ 存在,(X_1, X_2, X_3) 是 X 的一个样本. 设

$$\hat\mu_1 = \bar X = \frac{1}{3}(X_1 + X_2 + X_3), \hat\mu_2 = \frac{1}{3}X_1 + \frac{1}{2}X_2 + \frac{1}{6}X, \hat\mu_3 = \frac{2}{9}X_1 + \frac{3}{9}X_2 + \frac{4}{9}X_3.$$

由例 1 知 $\hat\mu_1, \hat\mu_2, \hat\mu_3$ 都是 μ 的无偏估计量,试比较它们的有效性.

解 由于 X_1, X_2, X_3 相互独立且 $DX_i = DX = \sigma^2 (i=1,2,3)$,得到

$$D\hat\mu_1 = \frac{1}{9}(DX_1 + DX_2 + DX_3) = \frac{1}{3}\sigma^2,$$

$$D\hat\mu_2 = \frac{1}{9}DX_1 + \frac{1}{4}DX_2 + \frac{1}{36}DX_3 = \frac{7}{18}\sigma^2,$$

$$D\hat\mu_3 = \frac{4}{81}DX_1 + \frac{9}{81}DX_2 + \frac{16}{81}DX_3 = \frac{29}{81}\sigma^2.$$

可见 $D\hat\mu_1 < D\hat\mu_3 < D\hat\mu_2$,说明 $\hat\mu_1 = \bar X$ 最有效.

在 $\sum\limits_{i=1}^{n} c_i X_i (c_i \geq 0, \sum\limits_{i=1}^{n} c_i = 1)$ 中,取一组不同的 c_i 便得到 μ 的不同的估计量,可以证明 $\bar X$ 是最有效的.

7.2.3 一致性

无偏性、有效性都是在样本容量 n 确定的情况下讨论的. 一个估计量即使是无偏的且方差较小也不一定能满足人们的要求. 人们总希望当样本容量 n 无限增大时,估计量能在某种意义下充分接近于被估计的参数. 如果这种愿望能够满足,即使是一个有偏估计量,在 n 较大时,我们也是乐意接受的.

定义 3 设 $\hat\theta(X_1, X_2, \cdots, X_n)$ 是 θ 的估计量,如果对任意给定的 $\varepsilon > 0$,有

$$\lim_{n\to\infty} P\{|\hat\theta(X_1, X_2, \cdots, X_n) - \theta| < \varepsilon\} = 1,$$

则称 $\hat{\theta}(X_1, X_2, \cdots, X_n)$ 为 θ 的**一致估计量**.

一致性是对一个估计量最基本的要求. 如果一个估计量没有一致性,那么,无论样本容量取多大,我们也不可能把未知参数估计到预定的精度,这种估计量显然是不可取的. 由大数定律可以证明,常用估计量都满足一致性. 如 $\bar{X}$ 是总体期望 EX 的一致估计量,S^2 和 B_2 都是总体方差 DX 的一致估计量,S 是 $\sqrt{DX}$ 的一致估计量.

值得指出,就衡量估计量优劣的一些标准来看,参数的极大似然估计量一般比矩估计量具有更好的性质. 对此,我们不准备作进一步讨论,但在寻求参数的极大似然估计量时需要用到总体的分布,因此它更多地集中了总体的信息,从而在体现总体分布特征上往往具有比较好的性质. 正因为此,它在应用上没有矩估计法简单.

7.3 区间估计

设某高校男生的身高 $X \sim N(\mu, \sigma^2)$,其中 μ 和 σ^2 究竟是多少呢?我们随机抽取 25 人,得到 $\bar{x} = 172$;抽样 100 人,得到 $\bar{x} = 173$. 显然这两个值都是该校男生平均身高 μ 的估计值,但究竟哪一个更好?它们的近似精确程度和可信程度我们都不知道. 区间估计正好弥补了点估计的这个缺陷.

区间估计不仅提供了真值 μ 的一个估计范围,而且给出了估计的可信程度,有广泛的实用意义.

7.3.1 区间估计的概念

定义 1 设总体 X 的分布中含有一个未知参数 θ,$(X_1, X_2, \cdots, X_n)$ 是 X 的样本,对于给定 $\alpha(0 < \alpha < 1)$,若存在 X 的两个统计量 $\theta_1 = \theta_1(x_1, x_2, \cdots, x_n)$,$\theta_2 = \theta_2(X_1, X_2, \cdots, X_n)$,使得

$$P\{\theta_1(X_1, X_2, \ldots, X_n) \leqslant \theta \leqslant \theta_2(X_1, X_2, \ldots, X_n)\} = 1 - \alpha,$$

则称随机区间 $[\theta_1, \theta_2]$ 是 θ 的置信度为 $1 - \alpha$ 的**双侧置信区间**,θ_1 和 θ_2 分别称为双侧置信区间的**置信下限**和**置信上限**.

被估计的参数 θ 虽然未知,但它是一个客观存在的常数,而区间 $[\theta_1, \theta_2]$ 是随机的,它包含真值 θ 的概率为 $1 - \alpha$,而不能说参数 θ 落在区间 $[\theta_1, \theta_2]$ 的概率为 $1 - \alpha$.

$1 - \alpha$ 又称置信水平,可理解为在样本容量不变的情况下,反复抽样所得到的全部区间中,包含真值 θ 的区间的概率为 $1 - \alpha$.

下面给出求置信区间的一般步骤.

第 1 步:由问题的实际意义,确定样本函数 $Z = Z(X_1, X_2, \cdots, X_n; \theta)$ 不含 θ 以外的其他未知参数,且 Z 的分布已知;

第 2 步:对于事先给定的置信度 $1 - \alpha$,确定常数 a, b 使得

$$P\{a \leqslant Z(X_1, X_2, \cdots, X_n; \theta) \leqslant b\} = 1 - \alpha;$$

第 3 步:由不等式 $a \leqslant Z(X_1, X_2, \cdots, X_n; \theta) \leqslant b$,求出等价不等式

$$\theta_1(X_1, \cdots, X_n) \leqslant \theta \leqslant \theta_2(X_1, \cdots, X_n),$$

则 $[\theta_1, \theta_2]$ 为所求置信区间.

事实上,使得 $P\{a\leqslant Z(X_1,X_2,\cdots,X_n;\theta)\leqslant b\}=1-\alpha$ 成立的 a,b 有无穷多组,所以置信区间不唯一.但一般总是选择对称形式或近似对称形式的置信区间,主要是为了计算的方便.

7.3.2 单个正态总体均值的置信区间

1. σ^2 已知

设 $X\sim N(\mu,\sigma^2)$,则 $\bar{X}\sim N(\mu,\dfrac{\sigma^2}{n})$,选用样本函数

$$U=\frac{\bar{X}-\mu}{\sqrt{\sigma^2/n}}\sim N(0,1).$$

给定置信度 $1-\alpha$,使

$$P\left\{\left|\frac{\bar{X}-\mu}{\sqrt{\sigma^2/n}}\right|\leqslant u_{\alpha/2}\right\}=1-\alpha.$$

如图 7-1 所示,由 $\Phi(u_{\alpha/2})=1-\dfrac{\alpha}{2}$,查标准正态分布表可得 $u_{\alpha/2}$.所以 μ 的置信度为 $1-\alpha$ 的置信区间为

$$\left[\bar{X}-u_{\alpha/2}\sqrt{\sigma^2/n},\bar{X}+u_{\alpha/2}\sqrt{\sigma^2/n}\right]. \tag{7-6}$$

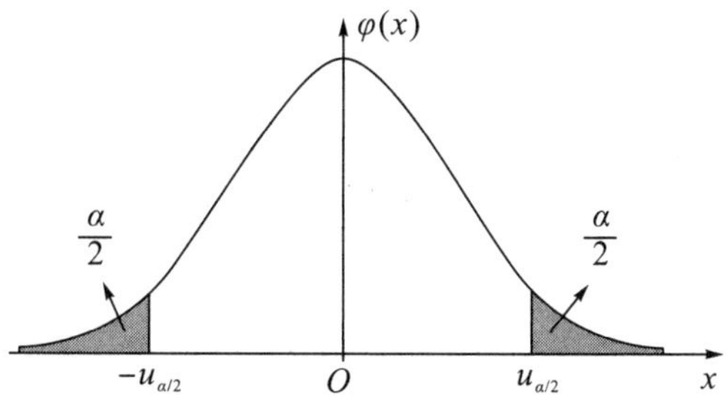

图 7-1

从(7-6)式我们可以看出:样本容量 n 不变时,若置信度 $1-\alpha$ 增大,则置信区间的长度增大,即区间估计的精度降低;若要提高精度,而可信程度不变,则可增大样本容量 n.我们的原则是考虑置信度优于考虑精度.所以,我们对事先给定置信度 $1-\alpha$,一般取 $\alpha=0.1$,0.05,0.01 等.

由于标准正态分布密度曲线具有对称及中间高两端低的特点,所以在此种情形下,μ 的置信度为 $1-\alpha$ 的所有置信区间中以(7-6)式所给的长度最短.

例1 设某高校男生的身高 $X\sim N(\mu,\sigma^2)$,$\sigma^2=36$.分别就下列两次抽样结果,求 μ 的置信度为 95% 的置信区间.

(1)抽样 25 人,得到 $\bar{x}=172$;

(2)抽样 100 人,得到 $\bar{x}=173$.

解 (1)已知 $\sigma^2=36$,选用样本函数 $U=\dfrac{\bar{X}-\mu}{\sqrt{\sigma^2/n}}$.由于 $n=25,\alpha=0.05$,查表得 $u_{0.025}=$

1.96. 于是 $u_{\alpha/2}\sqrt{\sigma^2/n}=1.96\times\sqrt{36/25}=2.352$，$\mu$ 的置信度为 95% 的置信区间为

$$[172-2.352,172+2.352]=[169.648,174.352].$$

（2）抽样 $n=100$ 时，μ 的置信度为 95% 的置信区间为

$$[173-1.96\times\sqrt{36/100},173+1.96\times\sqrt{36/100}]=[171.824,174.176].$$

2. σ^2 未知

用样本方差 S^2 代替 σ^2，选用样本函数 $T=\dfrac{\bar{X}-\mu}{\sqrt{S^2/n}}\sim t(n-1)$. 给定置信度 $1-\alpha$，使

$$P\left\{\left|\frac{\bar{X}-\mu}{\sqrt{S^2/n}}\right|\leqslant t_{\alpha/2}(n-1)\right\}=1-\alpha.$$

查表可得 $t_{\alpha/2}(n-1)$，从而 μ 的置信度为 $1-\alpha$ 的置信区间为

$$[\bar{X}-t_{\alpha/2}(n-1)\sqrt{S^2/n},\bar{X}+t_{\alpha/2}(n-1)\sqrt{S^2/n}]. \tag{7-7}$$

μ 的置信度为 $1-\alpha$ 的置信区间中（7-7）式是长度最短的.

例 2 从自动机床加工的同类零件中随机抽取 16 件，测得长度（单位：mm）如下：

    12.15 12.12 12.01 12.28 12.08 12.16 12.03 12.01
    12.06 12.13 12.07 12.11 12.08 12.01 12.03 12.06

设零件长度 X 服从正态分布，试求长度 X 的总体均值 μ 的 95% 置信区间.

解 由于 σ^2 未知，选用样本函数 $T=\dfrac{\bar{X}-\mu}{\sqrt{S^2/n}}$. 由 $n=16$，$\alpha=0.05$，查表得 $t_{0.025}(15)=$

2.1315. 由样本数据得

$$\bar{x}=\frac{1}{16}\sum_{i=1}^{16}x_i=12.087,\quad s^2=\frac{1}{16-1}\sum_{i=1}^{16}(x_i-\bar{x})^2=0.00507,$$

于是 $2.1315\times\sqrt{0.00507/16}=0.0379$，$\mu$ 的置信度为 95% 的置信区间为

$$[12.087-0.0379,12.087+0.0379]=[12.0491,12.1249].$$

7.3.3 单个正态总体方差的置信区间

根据实际需要，只考虑 μ 未知的情况. 选用样本函数

$$K=\frac{(n-1)S^2}{\sigma^2}\sim\chi^2(n-1),$$

给定置信度 $1-\alpha$，使得

$$P\{\chi_{1-\alpha/2}^2(n-1)\leqslant\frac{(n-1)S^2}{\sigma^2}\leqslant\chi_{\alpha/2}^2(n-1)\}=1-\alpha.$$

尽管密度函数不对称，习惯上仍取对称的分位点来确定置信区间，如图 7-2 所示.

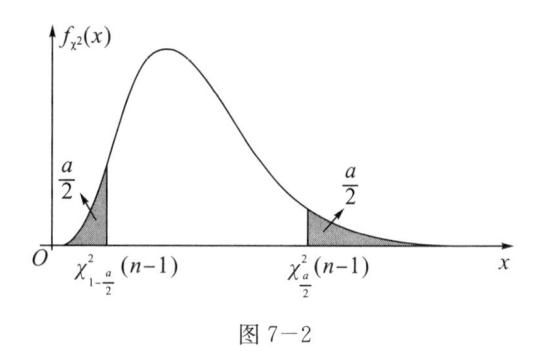

图 7-2

查表可得 $\chi^2_{\alpha/2}(n-1), \chi^2_{1-\alpha/2}(n-1)$. 于是, σ^2 的置信度为 $1-\alpha$ 的置信区间为

$$\left[\frac{(n-1)S^2}{\chi^2_{\alpha/2}(n-1)}, \frac{(n-1)S^2}{\chi^2_{1-\alpha/2}(n-1)}\right]. \tag{7-8}$$

均方差 σ 的置信度为 $1-\alpha$ 的置信区间为

$$\left[\sqrt{\frac{(n-1)S^2}{\chi^2_{\alpha/2}(n-1)}}, \sqrt{\frac{(n-1)S^2}{\chi^2_{1-\alpha/2}(n-1)}}\right]. \tag{7-9}$$

例 3 由例 2 的数据计算长度 X 的总体均方差 σ 的 95% 置信区间.

解 由于 μ 未知,选用样本函数 $K=\dfrac{(n-1)S^2}{\sigma^2}$. 由

$$n=16, \alpha=0.05, \bar{x}=12.087, s^2=0.00507,$$

查表得

$$\chi^2_{0.025}(15)=27.488, \chi^2_{0.975}(15)=6.262,$$

所以 σ 的置信度为 95% 的置信区间为

$$\left[\sqrt{\frac{15\times0.00507}{27.488}}, \sqrt{\frac{15\times0.00507}{6.262}}\right]=[0.0526, 0.1102].$$

在实际问题中,对有些参数往往只需要估计它的上限或下限. 如设备、元件的平均使用寿命,过长没有什么问题,过短了就有问题了. 这时可将置信上限取为 $+\infty$,而只着眼于置信下限,这样求得的置信区间叫**单侧置信区间**. 求单侧置信区间的方法与双侧情形完全类似,只需注意两点:第一是需将双侧置信区间中的 $\dfrac{\alpha}{2}$ 改为 α;第二是单侧置信区间 $(-\infty, \theta_2]$ 的下限不一定是 $-\infty$,可以是零或其他数.

例 4 利用例 2 的数据,求长度 X 的总体均方差 σ 的置信度为 95% 的单侧置信区间.

解 由 μ 未知,选用样本函数 $K=\dfrac{(n-1)S^2}{\sigma^2}$. 由于

$$\alpha=0.05, n=16, \chi^2_{0.95}(15)=7.261, \sqrt{\frac{(n-1)s^2}{\chi^2_{\alpha}(n-1)}}=\sqrt{\frac{15\times0.00507}{7.261}}=0.102,$$

所以单侧置信区间为 $(0, 0.102]$.

例 5 从一批灯泡中随机抽取 5 只作寿命试验,测得寿命(单位:小时)分别为:1050,1100,1120,1250,1280. 设灯泡寿命服从正态分布,求灯泡寿命均值 μ 的置信度为 0.95 的单侧置信区间.

解 由于 σ^2 未知,选用样本函数 $T = \dfrac{\overline{X} - \mu}{\sqrt{S^2/n}}$. 由 $\alpha = 0.05, n = 5$, 查表得 $t_{0.05}(4) = 2.1318$. 由样本数据得 $\overline{x} = 1160, s^2 = 9950$, 从而

$$\overline{x} - t_\alpha(n-1)\ \sqrt{s^2/n}\ = 1160 - 2.1318\ \sqrt{9950/5}\ = 1065,$$

所以 μ 的置信度为 0.95 的单侧置信区间为 $[1065, +\infty)$.

习题 7

1. 从某正态总体 X 取得样本观察值分别为:$14.7, 15.1, 14.8, 15.0, 15.2, 14.6$. 求总体均值 μ 和总体方差 σ^2 的矩估计值.

2. 设总体 X 的密度函数为

$$p(x) = \begin{cases} \dfrac{2}{a^2}(a-x), & 0 < x < a, \\ 0, & \text{其他}, \end{cases}$$

$(x_1, x_2, \cdots, x_n)$ 为样本,试求参数 a 的矩估计量.

3. 设总体 X 的密度函数为

$$f(x; \theta) = \begin{cases} \dfrac{x}{\theta^2} e^{-\frac{x}{\theta}}, & x > 0, \\ 0, & x \leqslant 0, \end{cases}$$

其中 $\theta > 0$ 是未知参数,$(X_1, X_2, \cdots, X_n)$ 为 X 的样本,试求 θ 的极大似然估计.

4. 设总体的概率密度为

$$f(x) = \begin{cases} \theta x^{\theta-1}, & 0 < x < 1, \\ 0, & \text{其他}, \end{cases}$$

$(x_1, x_2, \cdots, x_n)$ 为总体的样本观察值,$x_i > 0, i = 1, 2, \cdots, n$. 分别用矩估计法和极大似然估计法估计未知参数 θ.

5. 设随机变量 X 服从参数为 λ 泊松分布,$(x_1, x_2, \cdots, x_n)$ 是 X 的一个样本观察值,试求 λ 的极大似然估计值.

6. 设总体 $X \sim N(\mu, \sigma^2)$,(X_1, X_2, X_3) 是 X 的一个样本. 证明 $\hat{\mu}_1 = \dfrac{1}{7}X_1 + \dfrac{2}{7}X_2 + \dfrac{4}{7}X_3$,$\hat{\mu}_2 = \dfrac{3}{5}X_1 + \dfrac{2}{5}X_2$,$\hat{\mu}_3 = \dfrac{1}{2}X_1 + \dfrac{1}{3}X_2 + \dfrac{1}{6}X_3$ 都是总体均值 μ 的无偏估计,并比较它们的有效性.

7. 设总体 $X \sim N(\mu_1, \sigma^2)$,总体 $Y \sim N(\mu_2, \sigma^2)$,$(X_1, X_2, \cdots, X_{n_1})$ 和 $(Y_1, Y_2, \cdots, Y_{n_2})$ 是分别来自总体 X 和 Y 的样本,两个样本相互独立,并且 $\overline{X}, \overline{y}$ 分别是样本均值,S_1^2, S_2^2 分别是样本方差.

(1) 写出参数 $\mu_1 - \mu_2$ 的一个无偏估计;

(2) 证明 $S_w^2 = \dfrac{(n_1-1)S_1^2 + (n_2-1)S_2^2}{n_1 + n_2 - 2}$ 是 σ^2 的无偏估计.

8. 对方差 σ^2 已知的正态总体来说,需要取容量 n 为多大的样本,才能使总体的均值 μ

的置信度为 $1-\alpha$ 的置信区间长度不大于 L？若 $\sigma=10,\alpha=0.05,L=5$，求 n.

9. 某车间生产的螺杆直径服从正态分布 $N(\mu,\sigma^2)$，从中随机抽取 5 支，测得直径为（单位：毫米）分别为：22.3,21.5,22.0,21.8,21.4. 分别在 $\sigma=0.3$ 和 σ 未知时求 μ 的置信度为 0.95 的置信区间.

10. 为了了解一台长度测量仪器的精度，对一根标准金属棒进行了 6 次重复测量，测得结果（单位：mm）分别为：30.1,29.9,29.8,30.3,30.2,29.6. 假定测量值服从正态分布 $N(\mu,\sigma^2)$，若 μ 未知，求 σ^2 的置信度为 0.95 的置信区间.

11. 已知某种灯泡的使用寿命服从正态分布. 在某星期所生产的该种灯泡中随机抽取 10 支，测得其寿命（单位：小时）分别为：1067,919,1196,785,1126,936,918,1156,920,948. 试求这种灯泡寿命均值 μ 的置信度为 0.95 的单侧置信下限.

第 8 章　假设检验

假设检验是统计推断的又一重要内容. 它是根据抽样后获得的样本去检验抽样前给出的有关总体的假设是否成立的一种方法. 在总体分布形式已知的前提下, 关于总体分布中未知参数的假设检验, 称为参数假设检验; 而在总体分布形式未知的前提下, 针对总体分布本身的假设检验, 就属于非参数假设检验. 本章首先介绍假设检验的有关概念, 然后重点学习正态总体的参数假设检验.

8.1　假设检验的基本概念

在很多实际问题中, 我们常常需要对关于总体的分布形式或分布中的未知参数的某个命题进行判断, 数理统计学中将那些有待检验的看法或命题称为**统计假设**, 简称**假设**. 常把一个需要被检验的假设称为**原假设**(或**零假设**), 记为 H_0, 它的对立面称为**对立假设**或**备选假设**, 即在拒绝原假设后可供选择的假设, 记为 H_1. 假设检验就是要从样本值出发去判断一个假设 H_0(或 H_1)是否成立.

例 1　面粉厂用一台打包机包装面粉, 每袋的标准重量规定为 25 kg. 某天从包装的面粉中抽查了 10 袋, 称得重量(单位: kg)为

　　　25.1　25.2　24.6　24.5　25.0　24.9　25.1　24.8　25.1　24.7
问这一天打包机的工作是否正常?

根据以往的经验, 我们假设这一天打包机的装袋重量 X 服从正态分布 $N(\mu, \sigma^2)$, 记 $H_0: \mu = 25, H_1: \mu \neq 25$, 则问题化为: 如何根据抽样的结果来判断是 H_0 还是 H_1 成立.

例 2　某工厂宣称已采取大力措施治理废水污染, 根据经验, 废水中所含某种有毒物质的浓度 X(单位: mg/kg)服从正态分布. 现环保部门抽测了 9 个水样, 测得样本均值 $\bar{x} = 17.4$, 样本标准差 $s = 2.4$, 往常该厂废水中有毒物质的平均浓度为 18.2, 试问有毒物质的浓度是否显著降低了?

直观上看, 有毒物质的浓度有所降低, 但这种差异可能是抽样的随机性造成的. 令 $X \sim N(\mu, \sigma^2)$, 记 $H_0: \mu \geqslant 18.2, H_1: \mu < 18.2$, 则问题等价于: 检验是 H_0 成立, 还是 H_1 成立.

这里有两个问题, 第一是例 2 中, 为什么不把 H_1 作为原假设? 第二是当给定原假设后, 对立假设的形式可能有多个, 如 $H_0: \mu = 18.2$, 则备选假设 H_1 可选择 $\mu \neq 18.2, \mu > 18.2, \mu < 18.2$ 中的一个. 一般把不肯轻易否定的命题作为原假设, 有时还要视抽样的结果而定.

8.1.1　假设检验的基本思想

在假设检验问题中, 同时给出原假设 H_0 和备选假设 H_1 后, 为了判断 H_0 正确还是 H_1 正确, 需对总体进行抽样, 然后在假设 H_0 为真的条件下, 通过选取恰当的统计量来构造

一个小概率事件. 小概率原理告诉我们, 概率很小的事件在一次试验中可认为是不会发生的. 因此, 在一次试验中, 小概率事件居然发生了, 说明试验的前提条件 H_0 不成立, 从而拒绝 H_0; 否则, 就没有理由拒绝 H_0 的正确性, 从而接受 H_0, 这就是假设检验的基本思想. 下面通过例 1 来进行说明. 要检验的假设是

$$H_0: \mu = 25, H_1: \mu \neq 25.$$

我们知道 $\bar{X}$ 是 μ 的无偏估计, 由抽查结果得到 $\bar{X}$ 的观察值

$$\bar{x} = \frac{1}{10} \sum_{i=1}^{10} x_i = 24.9.$$

记 $\mu_0 = 25$, 显然, $\bar{x}$ 与 μ_0 之间有差异, 这种差异可用 $|\bar{x} - \mu_0|$ 来衡量. 如果 $|\bar{x} - \mu_0|$ 不太大, 则可认为它们之间的差异是由随机因素造成的, 就没有理由拒绝 H_0, 这时就接受 H_0, 即是拒绝 H_1; 如果 $|\bar{x} - \mu_0|$ 大到一定程度, 就应怀疑 H_0 的正确性, 即拒绝 H_0(或者接受 H_1). 现在的问题是如何找一个常数 k, 使得当 H_0 为真时, 事件 $\{|\bar{x} - \mu_0| > k\}$ 为一个小概率事件. 若小概率事件的概率不超过 α, 则称 α 为**检验水平**或**显著性水平**, 一般取 $\alpha = 0.01$, $0.05, 0.1$ 等. 由于 $X \sim N(\mu, \sigma^2)$, 所以 $\bar{X} \sim N(\mu, \frac{\sigma^2}{n})$, 从而 $\frac{\bar{X} - \mu}{\sqrt{\sigma^2/n}} \sim N(0, 1)$. 因此在 H_0 为真的前提下, 统计量

$$U = \frac{\bar{X} - \mu_0}{\sqrt{\sigma^2/n}} \sim N(0, 1),$$

称 U 为**检验统计量**. 显然

$$P\left\{\frac{|\bar{X} - \mu_0|}{\sqrt{\sigma^2/n}} > u_{\alpha/2}\right\} = \alpha \Leftrightarrow P\left\{|\bar{X} - \mu_0| > u_{\alpha/2} \sqrt{\sigma^2/n}\right\} = \alpha.$$

由样本观察值算出检验统计量 U 的观察值

$$u = \frac{\bar{x} - \mu_0}{\sqrt{\sigma^2/n}}.$$

只要 $|u| > u_{\alpha/2}$, 就认为"小概率事件在一次试验中发生了", 说明试验的前提条件 H_0 不成立, 从而拒绝 H_0; 反之, 若 $|u| \leqslant u_{\alpha/2}$, 则没有理由拒绝 H_0, 即接受 H_0.

对于例 1, 取 $\alpha = 0.05, \sigma^2 = 0.14^2$, 计算得

$$|u| = \frac{|\bar{x} - \mu_0|}{\sqrt{\sigma^2/n}} = \frac{|24.9 - 25|}{\sqrt{0.14^2/10}} = 2.26,$$

查表得 $u_{0.025} = 1.96$. 因为 $2.26 > 1.96$, 所以拒绝 H_0, 认为这一天打包机的工作不正常.

称 $(-\infty, -u_{\alpha/2}) \cup (u_{\alpha/2}, +\infty)$ 为检验的**拒绝域**, 称 $[-u_{\alpha/2}, u_{\alpha/2}]$ 为**接受域**, 边界点称为**临界值**, 如图 8-1 所示.

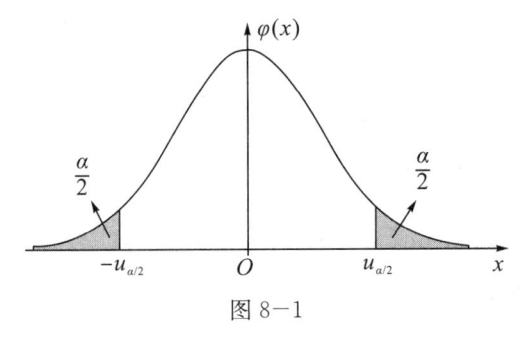

图 8-1

从上面的分析讨论中可以看到,假设检验使用的是某种带有概率性质的反证法.它不同于一般的反证法,它导出的矛盾并不是形式逻辑中的绝对的矛盾,而是基于人们在实践中广泛采用的小概率原理.

8.1.2 假设检验的基本步骤

总结处理问题的思想与方法,得到假设检验的一般处理步骤如下:

第 1 步:根据实际问题提出原假设 H_0 与备选假设 H_1;

第 2 步:选取适当的检验统计量,使得在 H_0 为真的条件下该统计量的分布是确定的;

第 3 步:对给定的检验水平 α,利用小概率原理,在 H_0 为真的假定下,由统计量的分布计算临界值,从而确定拒绝域;

第 4 步:由样本观察值计算统计量的观察值,确定是否属于拒绝域,从而给出拒绝或接受 H_0 的判断.

8.1.3 假设检验中可能犯的两类错误

统计方法是通过表面上的数量关系去探测事物的可能真实情况,不能保证不犯错误.在对一个假设进行检验时,有可能发生以下两类错误之一.

第一类错误:H_0 正确却被拒绝了,即"弃真"错误.显然,犯第一类错误的概率不超过检验水平 α,即 $P\{拒绝\ H_0 | H_0\ 为真\} \leqslant \alpha$.

第二类错误:H_0 不正确却被接受了,即"取伪"错误.犯这类错误的概率通常记为 β,即 $P\{接受\ H_1 | H_1\ 为假\} = \beta$.

人们希望犯两类错误的概率 α 与 β 都很小.遗憾的是,当样本容量 n 一定时,使得 α 和 β 都小是做不到的.因为若 α 小,则拒绝域范围小,于是接受域范围就大,从而 β 增大;反过来若 β 小,则接受域范围小,于是拒绝域范围就大,从而 α 增大.理论上可证,只有当样本容量增大时才能使犯两类错误的概率都减小,但增加样本容量既不经济也不现实.因此,应用中都是在给定样本容量的情况下,只控制犯第一类错误的概率,而不考虑犯第二类错误的概率.这类假设检验称为**显著性检验**.

检验水平 α 的设定并无客观的标准.目前统计学上的习惯是将其规范到几个常用的值,最常用的是 0.05,其次是 0.01,0.10.当拒绝一个属真的假设其后果非常严重时,应将 α 取得小一点,如 0.01,0.005 等;当拒绝一个属真的假设其后果不甚严重,而"取伪"会引起严重后果时,可将 α 取得大一些,如 0.05,0.10 等.例如,在雷达预警系统中,漏报敌人飞行器入侵是十分严重的错误,这时 α 就要选得小一些;但在判别药品是否合格时,取伪的危害性很大,这时 α 便要选得大一些,虽然引起经济上的损失可能大一些,但危及生命的可能性便减小了.

8.2　单个正态总体的假设检验

本节讨论单个正态分布的均值与方差的假设检验问题. 构造合适的检验统计量并确定其概率分布是解决检验问题的关键. 由临界值确定时所用的分布,分别有 U 检验、t 检验、χ^2 检验等.

8.2.1　均值的假设检验

设 $X \sim N(\mu, \sigma^2)$,$(X_1, X_2, \cdots, X_n)$ 为 X 的样本.

$1. \sigma^2$ 已知,关于 μ 的假设检验——U 检验

待检假设有以下不同形式:

(1) $H_0: \mu = \mu_0, H_1: \mu \neq \mu_0$;(2) $H_0: \mu = \mu_0, H_1: \mu < \mu_0$;

(3) $H_0: \mu = \mu_0, H_1: \mu > \mu_0$;(4) $H_0: \mu \geqslant \mu_0, H_1: \mu < \mu_0$.

形式(1)在 8.1 的例 1 中分析讨论过,由 $P\left\{\dfrac{|\bar{X} - \mu_0|}{\sqrt{\sigma^2/n}} > u_{\alpha/2}\right\} = \alpha$,得到拒绝域为 $(-\infty, -u_{\alpha/2}) \cup (u_{\alpha/2}, +\infty)$. 因为拒绝域取在两侧,所以称这类检验为**双侧检验**.

同理,由 $P\left\{\dfrac{\bar{X} - \mu_0}{\sqrt{\sigma^2/n}} < -u_\alpha\right\} = \alpha$ 得到形式(2)的拒绝域为 $(-\infty, -u_\alpha)$,称这类检验为**左侧检验**;由 $P\left\{\dfrac{\bar{X} - \mu_0}{\sqrt{\sigma^2/n}} > u_\alpha\right\} = \alpha$ 得形式(3)的拒绝域为 $(u_\alpha, +\infty)$,称这类检验为**右侧检验**. 左侧或右侧检验统称**单侧检验**.

下面我们说明形式(4)与形式(2)有相同的拒绝域.

如果 $H_0: \mu \geqslant \mu_0$ 成立,则

$$\frac{\bar{X} - \mu}{\sqrt{\sigma^2/n}} \leqslant \frac{\bar{X} - \mu_0}{\sqrt{\sigma^2/n}}.$$

于是,事件 $\left\{\dfrac{\bar{X} - \mu_0}{\sqrt{\sigma^2/n}} < -u_\alpha\right\}$ 发生必然导致事件 $\left\{\dfrac{\bar{X} - \mu}{\sqrt{\sigma^2/n}} < -u_\alpha\right\}$ 发生,故

$$P\left\{\frac{\bar{X} - \mu_0}{\sqrt{\sigma^2/n}} < -u_\alpha\right\} \leqslant P\left\{\frac{\bar{X} - \mu}{\sqrt{\sigma^2/n}} < -u_\alpha\right\} = \alpha,$$

说明 $\left\{\dfrac{\bar{X} - \mu_0}{\sqrt{\sigma^2/n}} < -u_\alpha\right\}$ 是一个小概率事件,所以拒绝域为 $(-\infty, -u_\alpha)$.

例 1　糖厂用自动包装机进行包糖,要求每袋 0.5 kg,假定该机器包装重量 X 服从正态分布 $N(\mu, 0.015^2)$,现从生产线上随机抽取 9 袋称重得 $\bar{x} = 0.509$ kg,问该包装机生产

是否正常？（$\alpha = 0.05$）

解 待检假设

$$H_0: \mu = 0.5, H_1: \mu \neq 0.5.$$

已知 $\sigma^2 = 0.015^2$，用 U 检验，计算得

$$|u| = \frac{|\bar{x} - \mu_0|}{\sqrt{\sigma^2/n}} = \frac{|0.509 - 0.5|}{\sqrt{0.015^2/9}} = 1.8.$$

对 $\alpha = 0.05$ 查表得 $u_{0.025} = 1.96$. 由于 $1.8 < 1.96$，不能拒绝 H_0，所以包装机生产是正常的.

例 2 某食品厂生产的番茄汁罐头中维生素 C 含量服从正态分布 $N(\mu, \sigma^2)$. 按照规定，维生素 C 的平均含量不得少于 21 毫克. 现从一批罐头中抽了 17 罐，测得维生素 C 含量的平均值为 $\bar{x} = 23$，根据生产经验知 $\sigma = 4$，问该批罐头中维生素 C 含量是否合格？（$\alpha = 0.05$）

解 此题不能用双侧检验，因为当 $\mu \geqslant 21$ 时，罐头中维生素 C 含量是合格的. 现在 $n = 17$，由已测得 $\bar{x} = 23 > 21$，提出假设

$$H_0: \mu \leqslant 21, H_1: \mu > 21.$$

已知 $\sigma^2 = 4^2$，用 U 检验，计算得

$$u = \frac{\bar{x} - \mu_0}{\sqrt{\sigma^2/n}} = \frac{23 - 21}{\sqrt{16/17}} = 2.06,$$

对 $\alpha = 0.05$，查表得 $u_{0.05} = 1.645$. 由于 $2.06 > 1.645$，故拒绝 H_0，认为该批罐头中维生素 C 含量合格.

2. σ^2 未知，关于 μ 的假设检验——t 检验

由于 σ^2 未知，$\dfrac{\bar{X} - \mu_0}{\sqrt{\sigma^2/n}}$ 不能作为检验统计量，而 $S^2 = \dfrac{1}{n-1}\sum\limits_{i=1}^{n}(X_i - \bar{X})^2$ 是 σ^2 的无偏估计，故用 S^2 代替 σ^2 得到检验统计量

$$T = \frac{\bar{X} - \mu_0}{\sqrt{S^2/n}}.$$

由于

$$\frac{\bar{X} - \mu}{\sqrt{S^2/n}} \sim t(n-1),$$

所以在 $H_0: \mu = \mu_0$ 为真的条件下，检验统计量 $T \sim t(n-1)$，从而当给定检验水平 α 时，查 t 分布表可得临界值，与 U 检验完全类似，双侧检验的拒绝域为：

$$(-\infty, -t_{\alpha/2}) \cup (t_{\alpha/2}, +\infty);$$

单侧检验的拒绝域为：

$$(-\infty, -t_\alpha) \text{ 或} (t_\alpha, +\infty).$$

表 8-1 给出了 σ^2 已知和未知两种情况下，单个正态总体的均值的假设检验.

表 8-1　单个正态总体的均值的假设检验

条件	原假设 H_0	检验统计量及其分布	备选假设 H_1	拒绝域
σ^2 已知	$\mu=\mu_0$	$U=\dfrac{\bar{X}-\mu_0}{\sqrt{\sigma^2/n}}\sim N(0,1)$	$\mu\neq\mu_0$	$(-\infty,-u_{a/2})\bigcup(u_{a/2},+\infty)$
	$\mu\leqslant\mu_0$		$\mu>\mu_0$	$(u_a,+\infty)$
	$\mu\geqslant\mu_0$		$\mu<\mu_0$	$(-\infty,-u_a)$
σ^2 未知	$\mu=\mu_0$	$T=\dfrac{\bar{X}-\mu_0}{\sqrt{S^2/n}}\sim t(n-1)$	$\mu\neq\mu_0$	$(-\infty,-t_{a/2})\bigcup(t_{a/2},+\infty)$
	$\mu\leqslant\mu_0$		$\mu>\mu_0$	$(t_a,+\infty)$
	$\mu\geqslant\mu_0$		$\mu<\mu_0$	$(-\infty,-t_a)$

例 3　对 8.1 中例 2 治理废水污染问题进行解答.（$\alpha=0.01$）

解　$n=9$,抽测结果有样本均值 $\bar{x}=17.4$,样本标准差 $s=2.4$,提出假设

$$H_0:\mu\geqslant18.2,\ H_1:\mu<18.2.$$

σ^2 未知,用 t 检验,计算得

$$t=\frac{\bar{x}-\mu_0}{\sqrt{s^2/n}}=\frac{17.4-18.2}{\sqrt{2.4^2/9}}=-1,$$

对 $\alpha=0.01$,查表得 $-t_{0.01}(8)=-2.8965$. 由于 $-1>-2.8965$,故拒绝 H_0,即有毒物质的浓度显著降低了,治理是有效的.

8.2.2　方差的假设检验——χ^2 检验

两台加工同一种零件的车床,它们的加工精度是否有显著差异用双侧检验. 一台车床使用一段事件后,其加工精度是否变差了用单侧检验. 设 $(X_1,X_2,\cdots,X_n)$ 是取自正态总体 $X\sim N(\mu,\sigma^2)$ 的一个样本,其中 μ,σ^2 均未知. 待检假设有以下形式:

(1) $H_0:\sigma^2=\sigma_0^2,H_1:\sigma^2\neq\sigma_0^2$;

(2) $H_0:\sigma^2\leqslant\sigma_0^2,H_1:\sigma^2>\sigma_0^2$;

(3) $H_0:\sigma^2\geqslant\sigma_0^2,H_1:\sigma^2<\sigma_0^2$.

我们先来看形式(1)的情况. 由于样本方差 S^2 是 σ^2 的无偏估计量,它集中了样本中所含 σ^2 的信息. 所以,如果 $\dfrac{S^2}{\sigma_0^2}$ 很大或很小,则应拒绝 H_0,为了处理方便,选择

$$K=\frac{(n-1)S^2}{\sigma_0^2}$$

作为检验统计量. 因为 $\dfrac{(n-1)S^2}{\sigma^2}\sim\chi^2(n-1)$,从而当 H_0 成立时,$K\sim\chi^2(n-1)$. 对给定的显著性水平 α,查表可得 $\chi^2_{a/2}(n-1),\chi^2_{1-a/2}(n-1)$,如图 8-2 所示. 根据

$$P\{K > \chi^2_{\alpha/2}(n-1)\} + P\{K < \chi^2_{1-\alpha/2}(n-1)\} = \frac{\alpha}{2} + \frac{\alpha}{2} = \alpha,$$

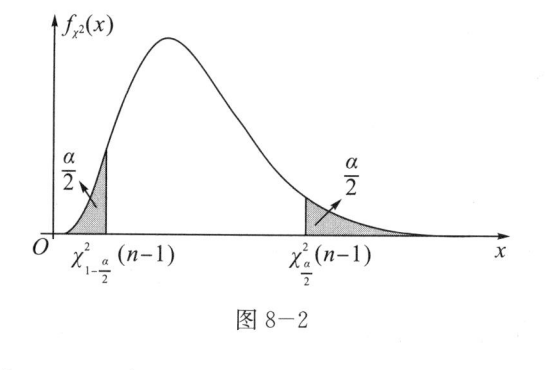

图 8−2

得到拒绝域 $W = (0, \chi^2_{1-\alpha/2}) \bigcup (\chi^2_{\alpha/2}, +\infty)$. 然后由样本观察值计算出检验统计量 K 的观察值 k, 如果 $k \in W$, 则拒绝 H_0, 否则不能拒绝 H_0.

表 8−2 给出了 μ 未知和已知两种情况下, 单个正态总体的方差的假设检验.

表 8−2 单个正态总体的方差的假设检验

条件	原假设 H_0	检验统计量及其分布	备选假设 H_1	拒绝域
μ 未知	$\sigma^2 = \sigma_0^2$	$K = \dfrac{(n-1)S^2}{\sigma_0^2} \sim \chi^2(n-1)$	$\sigma^2 \neq \sigma_0^2$	$(0, \chi^2_{1-\alpha/2}) \bigcup (\chi^2_{\alpha/2}, +\infty)$
	$\sigma^2 \leqslant \sigma_0^2$		$\sigma^2 > \sigma_0^2$	$(\chi^2_\alpha, +\infty)$
	$\sigma^2 \geqslant \sigma_0^2$		$\sigma^2 < \sigma_0^2$	$(0, \chi^2_\alpha)$
μ 已知	$\sigma^2 = \sigma_0^2$	$K = \dfrac{\sum\limits_{i=1}^{n}(X_i - \mu)^2}{\sigma_0^2} \sim \chi^2(n)$	$\sigma^2 \neq \sigma_0^2$	$(0, \chi^2_{1-\alpha/2}) \bigcup (\chi^2_{\alpha/2}, +\infty)$
	$\sigma^2 \leqslant \sigma_0^2$		$\sigma^2 > \sigma_0^2$	$(\chi^2_\alpha, +\infty)$
	$\sigma^2 \geqslant \sigma_0^2$		$\sigma^2 < \sigma_0^2$	$(0, \chi^2_{1-\alpha})$

与均值的单侧检验讨论完全类似, 形式(2)和形式(3)的单侧拒绝域分别为 $(\chi^2_\alpha, +\infty)$ 和 $(0, \chi^2_{1-\alpha})$. 下面通过例子进一步说明.

例 4 用一种新方法测量某种溶液中的水分. 由它的 12 个测量值计算得到 $\bar{x} = 0.473\%$, $s = 0.039\%$, 设测量值的总体服从正态分布 $X \sim N(\mu, \sigma^2)$, 又已知用原方法测量时有 $\sigma = 0.042\%$. 试问新方法与原方法的测量误差是否有显著差异? ($\alpha = 0.05$)

解 待检假设为

$$H_0 : \sigma = 0.042\%, H_1 : \sigma \neq 0.042\%.$$

由于 μ 未知, 用 χ^2 检验, 计算得

$$k = \frac{(n-1)s^2}{\sigma_0^2} = \frac{11 \times (0.039\%)^2}{(0.042\%)^2} = 9.48,$$

对于 $\alpha = 0.05$, 查表得 $\chi^2_{0.025}(11) = 21.92$, $\chi^2_{0.975}(11) = 3.816$. 因为 $9.48 \in [3.816, 21.9]$, 所以不能拒绝 H_0, 从而认为新方法与原方法的测量误差并无显著差异.

例 5 某类钢板的重量指标通常服从正态分布, 按产品标准规定, 钢板重量的方差不得

超过 $\sigma_0^2 = 0.016$. 现从某天生产的钢板中随机抽测 25 块,得样本方差 $s^2 = 0.025$,试问这天生产的钢板是否符合规定的标准? ($\alpha = 0.01$)

解 因为 $0.025 > 0.016$,所以提出假设

$$H_0 : \sigma^2 = 0.016, H_1 : \sigma^2 > 0.016.$$

用单侧 χ^2 检验,计算得

$$k = \frac{(n-1)s^2}{\sigma_0^2} = \frac{24 \times 0.025}{0.016} = 37.5,$$

对 $\alpha = 0.01$,查表得 $\chi_{0.01}^2(24) = 42.98$. 因为 $37.5 < 42.98$,所以不能拒绝 H_0,认为这天生产的钢板仍符合规定的标准.

8.3 两个正态总体的假设检验

在实际工作中还常常需要对两个正态总体进行比较. 这类问题的解法类似于单个正态总体的情况.

设 $X \sim N(\mu_1, \sigma_1^2)$,$Y \sim N(\mu_2, \sigma_2^2)$,$(X_1, X_2, \cdots, X_{n_1})$,$(Y_1, Y_2, \cdots, Y_{n_2})$ 分别是总体 X,Y 的样本,这两个样本相互独立,并且样本均值与样本方差分别为

$$\bar{X} = \frac{1}{n_1} \sum_{i=1}^{n_1} X_i, \quad \bar{y} = \frac{1}{n_2} \sum_{j=1}^{n_2} Y_j,$$

$$S_1^2 = \frac{1}{n_1 - 1} \sum_{i=1}^{n_1} (X_i - \bar{X})^2, \quad S_2^2 = \frac{1}{n_2 - 1} \sum_{j=1}^{n_2} (Y_j - \bar{y})^2.$$

8.3.1 均值相等的假设检验

我们要检验的假设是

$$H_0 : \mu_1 = \mu_2, H_1 : \mu_1 \neq \mu_2.$$

一个自然的想法是,研究样本均值之差 $\bar{x} - \bar{y}$,如果这个差的绝对值很大,则不太可能 $\mu_1 = \mu_2$;反之,若差的绝对值比较小,则可能为 $\mu_1 = \mu_2$. 考虑统计量 $\bar{X} - \bar{Y}$,当 σ_1^2, σ_2^2 未知,但知道 $\sigma_1^2 = \sigma_2^2$ 时,采用 t 检验法. 由第 6 章的定理 8 有

$$\frac{(\bar{X} - \bar{Y}) - (\mu_1 - \mu_2)}{\sqrt{\dfrac{S_w^2}{n_1} + \dfrac{S_w^2}{n_2}}} \sim t(n_1 + n_2 - 2),$$

其中

$$S_w^2 = \frac{(n_1 - 1)S_1^2 + (n_2 - 1)S_2^2}{n_1 + n_2 - 2}.$$

于是,在假设 H_0 为真的前提下,统计量

$$T = (\bar{X} - \bar{Y}) / \sqrt{\frac{S_w^2}{n_1} + \frac{S_w^2}{n_2}} \sim t(n_1 + n_2 - 2).$$

从而,对于给定的显著性水平 α,查 t 分布表可得 $t_{\alpha/2}(n_1 + n_2 - 2)$,根据 $P\{|T| > t_{\alpha/2}(n_1 + n_2 - 2)\} = \alpha$,得到拒绝域为

$$(-\infty, -t_{\alpha/2}) \bigcup (t_{\alpha/2}, +\infty).$$

关于两个正态总体均值相等的单侧检验问题以及 σ_1^2,σ_2^2 已知的情况,可作类似的讨论,结果如表 8-3 所示.

表 8-3 两个正态总体的均值的假设检验

条件	原假设 H_0	检验统计量及其分布	备选假设 H_1	拒绝域
σ_1^2,σ_2^2 已知	$\mu=\mu_0$	$U=\dfrac{\bar{X}-\bar{Y}}{\sqrt{\dfrac{\sigma_1^2}{n_1}+\dfrac{\sigma_2^2}{n_2}}}\sim N(0,1)$	$\mu\neq\mu_0$	$(-\infty,-u_{a/2})\cup(u_{a/2},+\infty)$
	$\mu\leqslant\mu_0$		$\mu>\mu_0$	$(u_a,+\infty)$
	$\mu\geqslant\mu_0$		$\mu<\mu_0$	$(-\infty,-u_a)$
$\sigma_1^2=\sigma_2^2$ 未知	$\mu=\mu_0$	$T=\dfrac{\bar{X}-\bar{Y}}{\sqrt{S_w^2\left(\dfrac{1}{n_1}+\dfrac{1}{n_2}\right)}}\sim t(n_1+n_2-2)$	$\mu\neq\mu_0$	$(-\infty,-t_{a/2})\cup(t_{a/2},+\infty)$
	$\mu\leqslant\mu_0$		$\mu>\mu_0$	$(t_a,+\infty)$
	$\mu\geqslant\mu_0$	$S_w^2=\dfrac{(n_1-1)S_1^2+(n_2-1)S_2^2}{n_1+n_2-2}$	$\mu<\mu_0$	$(-\infty,-t_a)$

例 1 甲,乙两台机床加工同一种产品,它们加工的零件外径 X,Y 分别服从正态分布 $N(\mu_1,0.20^2)$,$N(\mu_2,0.40^2)$. 现从加工的零件中分别抽取 8 件和 7 件,测得其外径(单位:cm)为:

> 甲　20.5　19.8　19.7　20.4　20.1　20.0　19.0　19.9
> 乙　19.7　20.8　20.5　19.8　19.4　20.6　19.2

检验两机车加工的零件外径有无显著差异.$(\alpha=0.05)$

解 由题意提出假设
$$H_0:\mu_1=\mu_2,H_1:\mu_1\neq\mu_2.$$
由于 σ_1^2,σ_2^2 已知,用 U 检验,计算得
$$\bar{x}=\frac{1}{8}\sum_{i=1}^{8}x_i=19.93,\bar{y}=\frac{1}{7}\sum_{j=1}^{7}y_j=20,$$
$$\frac{|\bar{x}-\bar{y}|}{\sqrt{(\sigma_1^2/n_1)+(\sigma_2^2/n_2)}}=\frac{0.07}{\sqrt{0.04/8+0.16/7}}=0.4191.$$
由 $\alpha=0.05$ 查表得 $u_{0.025}=1.96$. 由于 $0.4191<1.96$,不能拒绝 H_0,认为两机车加工的零件外径无显著差异.

例 2 设某地区两种施肥管理方案生产的小麦亩产量分别为 X 与 Y,$X\sim N(\mu_1,\sigma_1^2)$,$Y\sim N(\mu_2,\sigma_2^2)$,且 X 与 Y 相互独立. 根据以往经验认为 $\sigma_1^2=\sigma_2^2$. 秋收后实际亩产量抽样如下:

> 方案 I　753　867　783　829　932
> 方案 II　821　543　888　911　727　863

能否断言这两种方案对亩产量影响不同?$(\alpha=0.05)$

解 由题意提出假设
$$H_0:\mu_1=\mu_2,H_1:\mu_1\neq\mu_2.$$
由于 $\sigma_1^2=\sigma_2^2$ 且未知,用 t 检验,计算得:
$$\bar{x}=\frac{1}{5}\sum_{i=1}^{5}x_i=832.8,\bar{y}=\frac{1}{6}\sum_{j=1}^{6}y_j=792.2,$$

$$s_1^2 = \frac{1}{4}\sum_{i=1}^{5}(x_i - \bar{x})^2 = 4968.2, \quad s_2^2 = \frac{1}{5}\sum_{j=1}^{6}(y_j - \bar{y})^2 = 19097,$$

$$s_w^2 = \frac{4 \times 4968.2 + 5 \times 19097}{9} = 12817.5,$$

$$\frac{|832.8 - 792.2|}{\sqrt{12817.5\left(\frac{1}{5} + \frac{1}{6}\right)}} = 0.593.$$

由 $\alpha = 0.05$ 查表得 $t_{0.025}(9) = 2.2622$. 由于 $0.593 < 2.2622$,不能拒绝 H_0,即不能断言两种方案效果不同,从而认为两方案等效.

8.3.2 两个正态总体方差的假设检验——F 检验

在例 2 中,我们认为两个正态总体的方差是相等的,其中的根据是什么? 除非已有大量经验可以预先给出判断,否则还是要根据所给样本值,来检验是否成立. 于是待检假设为

$$H_0: \sigma_1^2 = \sigma_2^2, \quad H_1: \sigma_1^2 \neq \sigma_2^2.$$

由于 μ_1, μ_2 未知,令 $F = S_1^2/S_2^2$,显然当 F 很大或很小时,都不能认为 H_0 成立. 由抽样分布知

$$\frac{S_1^2/\sigma_1^2}{S_2^2/\sigma_2^2} \sim F(n_1 - 1, n_2 - 1),$$

所以,在 H_0 成立的条件下,检验统计量 $F \sim F(n_1 - 1, n_2 - 1)$.

对于给定的显著性水平 α,查 F 分布表,即可得到拒绝域. 由样本观察值计算出检验统计量 F 的观察值 f,若 f 属于拒绝域,则拒绝 H_0,否则就不能拒绝 H_0. 称这类检验法为 F 检验. 两个正态总体的方差的假设检验如表 8-4 所示.

表 8-4 两个正态总体的方差的假设检验

条件	原假设 H_0	检验统计量及其分布	备选假设 H_1	拒绝域
μ_1, μ_2 未知	$\sigma_1^2 = \sigma_2^2$	$F = \dfrac{S_1^2}{S_2^2} \sim F(n_1-1, n_2-1)$	$\sigma_1^2 \neq \sigma_2^2$	$(0, F_{1-\alpha/2}) \cup (F_{\alpha/2}, +\infty)$
	$\sigma_1^2 \leqslant \sigma_2^2$		$\sigma_1^2 > \sigma_2^2$	$(F_\alpha, +\infty)$
	$\sigma_1^2 \geqslant \sigma_2^2$		$\sigma_1^2 < \sigma_2^2$	$(0, F_{1-\alpha})$
μ_1, μ_2 已知	$\sigma_1^2 = \sigma_2^2$	$F = \dfrac{\frac{1}{n_1}\sum_{i=1}^{n_1}(X_i - \mu_1)^2}{\frac{1}{n_2}\sum_{j=1}^{n_2}(Y_j - \mu_2)^2} \sim F(n_1, n_2)$	$\sigma_1^2 \neq \sigma_2^2$	$(0, F_{1-\alpha/2}) \cup (F_{\alpha/2}, +\infty)$
	$\sigma_1^2 \leqslant \sigma_2^2$		$\sigma_1^2 > \sigma_2^2$	$(F_\alpha, +\infty)$
	$\sigma_1^2 \geqslant \sigma_2^2$		$\sigma_1^2 < \sigma_2^2$	$(0, F_{1-\alpha})$

方差相等的假设检验常用于均值的检验之前,在得到检验结论方差相等后,可进行相应的均值检验.

例 3 对例 2 中的数据进行方差齐性检验.

解 待检假设为

$$H_0: \sigma_1^2 = \sigma_2^2, \quad H_1: \sigma_1^2 \neq \sigma_2^2.$$

由于 μ_1, μ_2 未知,用 F 检验. 已知 $s_1^2 = 4968.2, s_2^2 = 19097$,从而

$$f = \frac{s_1^2}{s_2^2} = \frac{4968.2}{19097} = 0.26.$$

对 $\alpha = 0.05$, 查表得 $F_{0.025}(4,5) = 7.39$, $F_{0.975} = \dfrac{1}{F_{0.025}(5,4)} = \dfrac{1}{9.36} = 0.107$. 由于 $0.107 \leqslant 0.26 \leqslant 7.39$, 故不能拒绝 H_0, 即认为两种方案的亩产量的方差是相等的.

习题 8

1. 如果抛掷一枚硬币 8 次, 出现了 6 次正面, 那么你认为这枚硬币均匀吗? 理由是什么?

2. 某制造商宣称他们生产的设备至少 95% 达标. 现抽样 3 台, 发现 2 台未达标. 问该制造商的话真实吗? 说出你的理由.

3. 某种弹壳直径 $X \sim N(\mu, \sigma^2)$, 规定标准为 $\mu = 8$ mm, $\sigma = 0.09$ mm. 某车间新生产一批这种弹壳, 已知这批弹壳直径的均方差为标准值, 但其均值未知. 为了检验这批弹壳直径是否符合标准, 抽测 9 枚弹壳得直径数据(单位:mm)分别为:7.92, 7.94, 7.90, 7.93, 7.92, 7.92, 7.93, 7.91, 7.94. 判断在显著性水平 $\alpha = 0.05$ 下这批弹壳是否合格?

4. 糖厂用自动打包机打包. 每包标准重量为 100 kg. 每天开工后需要检验一次打包机工作是否正常, 即检查打包机是否有系统偏差. 已知每包重量服从正态分布. 某日开工后测得 10 包重量(单位:kg)分别为:102.2, 99.3, 101.5, 99.8, 99.6, 98.9, 98.7, 100.8, 101.0, 100.9. 问该日打包机工作是否正常? ($\alpha = 0.05$)

5. 正常人的脉搏平均为 72 次/分, 现某医生测得 10 例慢性四乙基铅中毒患者的脉搏(次/分)分别为:54, 67, 68, 78, 70, 66, 67, 70, 65, 69. 问慢性四乙基铅中毒患者与正常人的脉搏有无显著差异? ($\alpha = 0.05$)

6. 设某厂加工的零件的直径 $X \sim N(\mu, \sigma^2)$, 该厂承诺 $\sigma^2 = 0.392$. 现从该厂加工的零件中随机抽取 10 个, 测得直径并算得样本均值 $\bar{x} = 19.93$, 样本方差 $s^2 = 0.612$. 问在显著性水平 $\alpha = 0.05$ 下, 该厂的承诺是否可信?

7. 已知灯泡厂生产的灯泡的寿命服从正态分布 $N(\mu, \sigma^2)$, 并规定 μ 不低于 2000 小时才算质量合格. 现从一批灯泡中抽 20 个作试验, 测得它们的寿命并算得样本均值和样本均方差分别为 $\bar{x} = 2132$ 小时, $s = 310$ 小时. 试问这批灯泡合格与否? ($\alpha = 0.05$)

8. 某仪器刚使用时精度达到 $\sigma = 0.24$ m, 经长期使用后, 用它测一物体的长 8 次, 得数据(单位:m)分别为:3.69, 3.78, 3.75, 3.30, 3.85, 4.01, 3.72, 3.83. 试问该仪器的精度是否下降(即方差是否增大)? ($\alpha = 0.05$)

9. 某林场采用两种方案对杨树做育苗试验. 已知两种方案下苗高都服从正态分布, 标准差分别为 $\sigma_1 = 20$ cm, $\sigma_2 = 18$ cm. 现各抽 80 棵树苗作样本, 得到苗高的样本均值分别为 $\bar{x} = 68.12$ cm, $\bar{y} = 58.65$ cm. 在显著水平 $\alpha = 0.1$ 下, 判定这两种育苗方案对杨树苗的高度有无显著影响?

10. 机床厂某日从两台机器所加工的同一种零件中, 分别抽取若干个样本测得零件尺寸如下:

第一台机床　6.2　5.7　6.5　6.0　6.3　5.8　5.7　6.0　6.0　5.8　6.0

第二台机床　5.6　5.9　5.6　5.7　5.8　6.0　5.5　5.7　5.5

假定零件尺寸服从正态分布, 问这两台机器的加工精度是否有显著差异? ($\alpha = 0.05$)

11. 第 10 题中,第一台机床经过较长时间使用后,又从它加工的零件中抽取 10 件测得零件尺寸分别为:5.5,6.0,6.2,5.8,5.6,6.0,6.4,6.4,6.0,6.1. 问这台机床的加工精度是否降低了?($\alpha=0.05$)

第9章 回归分析与方差分析

回归分析和方差分析都是数理统计中广泛应用的内容.回归分析是处理多个变量之间相关关系的一种统计方法,其用意是研究一个被解释变量与一个或多个解释变量之间的统计关系.方差分析则是通过试验数据的离差来分析各个因素对试验结果有无影响的有效方法.

9.1 回归分析

在许多实际问题中,我们常常需要研究多个变量之间的相互关系.一般说来,变量之间的关系可分为两类:一类是确定性关系,如圆面积 S 与圆半径 r 的关系:$S = \pi r^2$.另一类是不确定性关系.例如,人的身高与体重之间有一定的关系,知道一个人的身高可以大致估计出他的体重,但得不到精确值,原因在于个体差异大,因此身高与体重的关系,是既密切又不能完全确定的关系.又如,人的年龄与血压的关系,温度、降雨量、施肥量与农作物产量间的关系,家庭收入与支出的关系等,这些关系也是不确定的.

变量之间的这种不确定性关系在自然界中普遍存在,其原因主要是测量上的误差和其他一些随机因素的干扰.我们称这种既互相联系但又不能完全确定的关系为**相关关系**.研究一个随机变量与一些可控变量(自变量)之间的相关关系的统计方法称为**回归分析**.只有一个自变量的回归分析称为**一元回归分析**,两个或以上自变量的回归分析称为**多元回归分析**.

记 x 为人的身高(单位:cm),y 为人的体重(单位:kg),一个流行的公式是

$$y = x - 105. \tag{9-1}$$

如果某人的身高为 175 cm,则体重恰为 70 kg 是最标准的,但在此值左右的某个范围内也可视为正常.形如(9-1)式这种联系两个变量 x,y 的关系式称为**回归方程**.回归方程不是变量之间关系的严格刻画,而是一种平均性质的概括,用一个简练的形式总括了变量之间的复杂关系的大趋势.

回归分析主要包括三方面内容:建立有相关关系的变量之间的回归方程,通常称为**经验公式**;判别所建立的经验公式是否有效,并从影响随机变量的变量中判别哪些变量的影响是显著的;利用所得的经验公式进行预测和控制.

9.1.1 一元线性回归分析

设 x 是一个可控变量,y 是与 x 有相关关系的随机变量,并且 y 的数学期望存在.每当 x 取定一个值时,都对 y 产生影响,由于数学期望表示一个随机变量的平均取值,因此主要考虑 y 的数学期望.这个数学期望是 x 的函数,记为 $\mu = \mu(x)$,该函数关系是确定性的但未知,称之为 y 关于 x 的回归函数.这个函数只能通过试验或抽样在样本中表现出来,回归分析主要是研究怎样根据样本来估计这个函数.

一元回归模型可表示为

$$y = \mu(x) + \varepsilon,$$

其中 ε 是除 x 以外,影响 y 的其他随机因素的总和. 由于把 ε 看成是随机误差,通常认为 $\varepsilon \sim N(0, \sigma^2)$,为研究方便,还假定 σ^2 与 x 无关. 记 $\tilde{y} = E(y)$,则称 $\tilde{y} = \mu(x)$ 为 y 关于 x 的回归方程,它的图形称为回归曲线. 当 $E(y) = a + bx$ 时,就是我们要学习的**一元线性回归模型**,即

$$y = a + bx + \varepsilon, \varepsilon \sim N(0, \sigma^2) \qquad (9-2)$$

其中 a, b, σ^2 是与 x 无关的待估参数. 称 $\tilde{y} = a + bx$ 为一元线性回归方程,称 a, b 为回归系数. 建立在一元线性回归模型基础上的统计分析就称为**一元线性回归分析**.

在实际问题中,x 可能是随机变量,但由于我们假定其可控制,并且所进行的讨论都是在给定 x 的观察值的条件下展开的,因此,我们将 x 看作非随机变量. 当 $x = x_i$ 时,y 的观察结果 y_i 是一随机变量,数据 (x_i, y_i) 是 $x = x_i$ 时,y_i 的一次观察结果.

9.1.2 常数 a 和 b 的最小二乘估计

对一组不完全相同的值 $x_1, x_2, \cdots, x_n$ 进行独立观察,得到随机变量 y 对应的观察值 $y_1, y_2, \cdots, y_n$,构成 n 对数据 $(x_i, y_i), i = 1, 2, \cdots, n$. 在平面直角坐标系中作出这 n 个点,所得图形称为**散点图**. 如果散点图中的 n 个点分布在一条直线附近,如图 9-1 所示,则可以认为 y 与 x 的关系符合一元线性回归模型 (9-2) 式,有

$$y_i = a + bx_i + \varepsilon_i,$$

这里 $\varepsilon_1, \varepsilon_2, \cdots, \varepsilon_n$ 相互独立且同分布于 $N(0, \sigma^2)$.

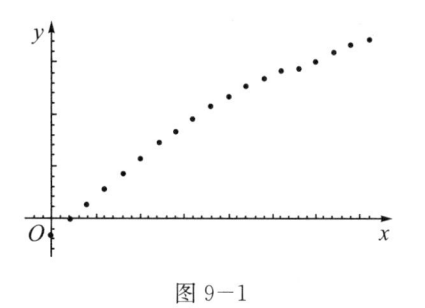

图 9-1

a, b 的点估计 $\hat{a}, \hat{b}$ 称为**样本回归系数**或**经验回归系数**,称

$$\hat{y} = \hat{a} + \hat{b}x \qquad (9-3)$$

为**经验回归直线方程**,它的图形称为**经验回归直线**. 对 $x_i (i = 1, 2, \cdots, n)$,由 (9-3) 式确定对应的 $\hat{y}_i = \hat{a} + \hat{b}x_i$. 要使经验公式 (9-3) 式近似表达 y,我们希望 $\hat{y}_i$ 与 y_i 的离差越小越好,于是考虑

$$Q(\hat{a}, \hat{b}) = \sum_{i=1}^{n} (\hat{y}_i - y_i)^2 = \sum_{i=1}^{n} (\hat{a} + \hat{b}x_i - y_i)^2, \qquad (9-4)$$

并选择 $\hat{a}, \hat{b}$ 使得 (9-4) 式取最小值. 由于 $Q(\hat{a}, \hat{b})$ 是 n 个平方和,所以使 $Q(\hat{a}, \hat{b})$ 最小的方法称为平方和最小法,也称为**最小二乘法**. 根据微积分知识,求解二元一次方程组

$$\frac{\partial Q}{\partial \hat{a}} = 2\sum_{i=1}^{n}(\hat{a} + \hat{b}x_i - y_i) = 0, \frac{\partial Q}{\partial \hat{b}} = 2\sum_{i=1}^{n}(\hat{a} + \hat{b}x_i - y_i)x_i = 0. \qquad (9-5)$$

为此,引入记号

$$\bar{x} = \frac{1}{n}\sum_{i=1}^{n}x_i, \bar{y} = \frac{1}{n}\sum_{i=1}^{n}y_i,$$

$$L_{xx} = \sum_{i=1}^{n}(x_i - \bar{x})^2 = \sum x_i^2 - n\bar{x}^2 = \sum x_i^2 - \frac{1}{n}\left(\sum x_i\right)^2,$$

$$L_{yy} = \sum_{i=1}^{n}(y_i - \bar{y})^2 = \sum y_i^2 - \frac{1}{n}\left(\sum y_i\right)^2,$$

$$L_{xy} = \sum_{i=1}^{n}(x_i - \bar{x})(y_i - \bar{y}) = \sum x_i y_i - \frac{1}{n}\left(\sum x_i\right)\left(\sum y_i\right).$$

则(9-5)式化为

$$\hat{a} + \bar{x}\hat{b} = \bar{y}, n\bar{x}\hat{a} + \hat{b}\sum_{i=1}^{n}x_i^2 = \sum_{i=1}^{n}x_i y_i. \qquad (9-6)$$

由于 x_i 不全相同,计算行列式

$$\begin{vmatrix} 1 & \bar{x} \\ n\bar{x} & \sum x_i^2 \end{vmatrix} = \sum x_i^2 - n\bar{x}^2 = L_{xx} \neq 0,$$

于是(9-6)式有唯一解,并且

$$\hat{a} = \bar{y} - \hat{b}\bar{x}, \hat{b} = \frac{\sum x_i y_i - n\bar{x}\bar{y}}{L_{xx}} = \frac{L_{xy}}{L_{xx}}. \qquad (9-7)$$

这样得到的 $\hat{a}$ 叫做**样本回归截距**,$\hat{b}$ 叫做**样本回归系数**.

$\tilde{y} = a + bx$ 与 $\hat{y} = \hat{a} + \hat{b}x$ 是不同的,前者是理论回归直线,后者是经验回归直线,$\hat{y}$ 是理论值 $\tilde{y}$ 的估计值.

例 1　在服装标准的制作过程中,需调查获取一系列数据. 表 9-1 给出的是一组女青年的身高 x 与裤长 y 的数据(单位:cm). 试求裤长 y 对身高 x 的回归方程.

表 9-1

x	168	162	160	160	156	157	159	168	159	162	158	156	165	158	166
y	107	103	103	102	100	100	101	107	100	102	100	99	105	101	105
x	162	150	152	156	159	156	164	168	165	162	158	157	172	147	155
y	105	97	98	101	103	99	107	108	106	103	101	101	110	95	99

解　30 个样本数据点绘制散点图,如图 9-2 所示,数据分布呈直线趋势.

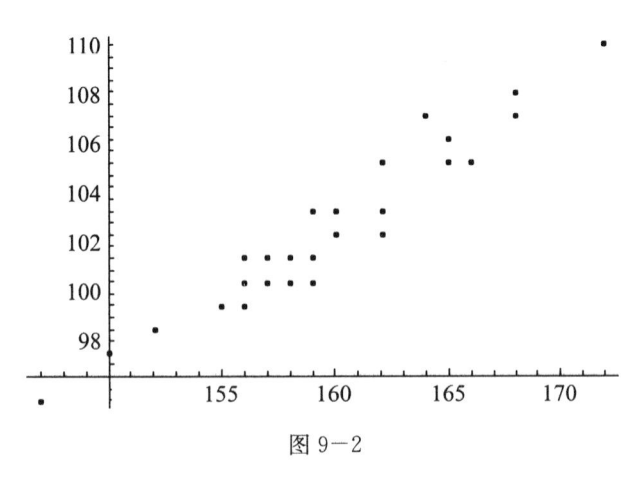

图 9-2

计算得

$$\sum_{i=1}^{30} x_i = 4797, \bar{x} = 159.9, \sum_{i=1}^{30} x_i^2 = 767949,$$

$$\sum_{i=1}^{30} y_i = 3068, \bar{y} = 102.267, \sum_{i=1}^{30} y_i^2 = 314112,$$

$$\sum_{i=1}^{30} x_i y_i = 491124,$$

$$L_{xx} = 767949 - \frac{1}{30} \times 4797^2 = 908.7,$$

$$L_{xy} = 491124 - \frac{1}{30} \times 4797 \times 3068 = 550.8.$$

从而

$$\hat{b} = \frac{550.8}{908.7} = 0.606, \hat{a} = 102.267 - 0.606 \times 159.9 = 5.368.$$

所以,裤长 y 对身高 x 的线性回归方程为

$$\hat{y} = 5.368 + 0.606x.$$

显然,随着观察值 (x_i, y_i) 的不同,求得的回归方程一般也是不同的. 另外,对平面上一些杂乱无章的点,也可用最小二乘法配出一条直线来,但这是毫无意义的. 因此,有必要对回归效果作出检验.

9.1.3 线性回归的显著性检验

下面我们先导出具有统计意义的分解公式.

1. 平方和分解公式

定理 1 设对任意 n 组数据 $(x_i, y_i), i = 1, 2, \cdots, n$, 作出的回归方程为 $\hat{y} = \hat{a} + \hat{b}x$, 记 $\hat{y}_i = \hat{a} + \hat{b}x_i$, 则

$$\sum_{i=1}^{n} (y_i - \bar{y})^2 = \sum_{i=1}^{n} (y_i - \hat{y}_i)^2 + \sum_{i=1}^{n} (\hat{y}_i - \bar{y})^2. \tag{9-8}$$

证明 下面约定求和均为 i 从 1 到 n 求和. 于是

$$\sum(y_i-\bar{y})^2 = \sum[(y_i-\hat{y}_i)+(\hat{y}_i-\bar{y})]^2$$
$$= \sum(y_i-\hat{y}_i)^2 + 2\sum(y_i-\hat{y}_i)(\hat{y}_i-\bar{y}) + \sum(\hat{y}_i-\bar{y})^2,$$

而

$$\sum(y_i-\hat{y}_i)(\hat{y}_i-\bar{y}) = \sum(y_i-\hat{a}-\hat{b}x_i)(\hat{a}+\hat{b}x_i-\bar{y})$$
$$= \sum[(y_i-\bar{y})-\hat{b}(x_i-\bar{x})][\hat{b}(x_i-\bar{x})]$$
$$= \hat{b}(L_{xy}-\hat{b}L_{xx}) = 0.$$

定理得证.

$L_{yy}=\sum(y_i-\bar{y})^2$ 是 $y_1,y_2,\cdots,y_n$ 这 n 个数据的**离差平方和**,它描述了这 n 个数据的分散程度,又记作 Q_T. 同样,$\sum(\hat{y}_i-\bar{y})^2$ 表示的是全部 $\hat{y}_i$ 的分散程度,而 $\hat{y}_i$ 是通过回归直线由 x_i 决定的,所以这部分反映的是可由 x 与 y 的线性关系所决定的那部分差异,称为**回归平方和**,记为 Q_R. 从上面的证明过程中,我们可得到

$$Q_R = \sum[\hat{b}(x_i-\bar{x})]^2 = \hat{b}^2 L_{xx} \tag{9-9}$$

$\sum(y_i-\hat{y}_i)^2$ 表示除去 x 对 y 的线性影响外的其他所有影响所导致的差异,包括随机误差及可能的 x 对 y 的非线性影响,称为**残差平方和**或**剩余平方和**,记作 Q_e. 于是(9-8)式可写为

$$Q_T = Q_R + Q_e.$$

现在我们来回答 x,y 之间是否存在线性相关关系的问题. 一个很自然的想法是把 Q_R 和 Q_e 比较. 选取统计量

$$F = \frac{Q_R}{Q_e/(n-2)}.$$

如果 F 值较大,则表明 x 对 y 的线性影响较大,可以认为 x 与 y 之间有线性相关关系;反之,若 F 的值较小,则没有理由认为 x 与 y 之间有线性相关关系.

2. 一些重要统计量及其分布

定理 2　在(9-2)式和(9-7)式的条件下有下列结论成立:

(1) $\hat{b} \sim N\left(b, \dfrac{\sigma^2}{L_{xx}}\right)$, $a \sim N\left[a, \left(\dfrac{1}{n}+\dfrac{\bar{x}^2}{L_{xx}}\right)\sigma^2\right]$;

(2) $\dfrac{Q_e}{\sigma^2} \sim \chi^2(n-2)$;

(3) 当 $b=0$ 时, $\dfrac{Q_R}{\sigma^2} \sim \chi^2(1)$;

(4) Q_R 与 Q_e 相互独立.

3. 整体回归效果的 F 检验

显然,若 x 与 y 之间有线性相关关系,则 $b \neq 0$;若 $b=0$ 或与 0 相差不显著,则 x 对 y 几乎没有影响,两者之间不会有线性关系. 为此提出检验假设

$$H_0:b=0, \quad H_1:b \neq 0.$$

在 H_0 为真时,由定理 2 得到

$$F = \frac{Q_R}{Q_e/(n-2)} \sim F(1, n-2).$$

于是,在显著性水平 α 下,当 $F > F_\alpha(1, n-2)$ 时,拒绝 H_0,表示回归效果是好的,F 值越大越好;否则,只能接受 H_0,即没有理由认为 x 与 y 之间存在线性相关关系.

4. 回归系数的 t 检验

由定理 2 的(2)可得 $E\left(\dfrac{Q_e}{n-2}\right) = \sigma^2$,表明统计量 $\hat{\sigma}^2 = \dfrac{Q_e}{n-2}$ 是 σ^2 的无偏估计. 再根据定理 2 的(1)可得

$$\frac{\hat{b} - b}{\sqrt{\hat{\sigma}^2/L_{xx}}} \sim t(n-2).$$

取检验统计量

$$T = \sqrt{L_{xx}},$$

在 H_0 为真时,$T \sim t(n-2)$,于是当 $|T| > t_{\alpha/2}(n-2)$ 时,就拒绝 H_0.

由 $T^2 = F$ 知,t 检验本质上与 F 检验是相同的. 另外,还有常用的相关系数检验.

5. 相关系数检验

称

$$R = \frac{L_{xy}}{\sqrt{L_{xx} L_{yy}}}$$

为**样本相关系数**. 类似于随机变量间的相关系数,R 的值反映了自变量 x 与因变量 y 之间的线性相关关系. 由(9−9)式

$$Q_R = \hat{b}^2 L_{xx} = \left(\frac{L_{xy}}{L_{xx}}\right)^2 L_{xx} = \frac{L_{xy}^2}{L_{xx}} = R^2 L_{yy} = R^2 Q_T,$$

所以 $|R| \leqslant 1$,$Q_R/Q_T = R^2$.

可此可见,R^2 是回归平方和 Q_R 在总离差 Q_T 中所占的比重,$|R|$ 越接近于 1,线性相关程度就越强,$|R|$ 越接近于 0,线性相关程度就越弱. 给定显著性水平 α,可在相关系数检验表中查得临界值 R_α,若 $|R| > R_\alpha(n-2)$,则拒绝 H_0.

例 2 检验例 1 中的回归方程是否显著. ($\alpha = 0.01$)

解 方法 1:F 检验. 由前面计算得

$$Q_T = L_{yy} = 314112 - \frac{1}{30} \times 3068^2 = 357.867,$$

$$Q_R = \hat{b}^2 L_{xx} = \hat{b} L_{xy} = 0.606 \times 550.8 = 333.785,$$

$$Q_e = Q_T - Q_R = 24.082,$$

$$F = \frac{(n-2)Q_R}{Q_e} = \frac{28 \times 333.785}{24.082} = 388.09.$$

对 $\alpha = 0.01$,查表得 $F_{0.01}(1, 28) = 7.64$. 由于 $388.09 > 7.64$,故拒绝 H_0,认为裤长与身高的线性关系高度显著,回归方程有效.

方法 2:t 检验. 计算得

$$\hat{\sigma} = \sqrt{\frac{Q_e}{n-2}} = \sqrt{\frac{24.082}{28}} = 0.927, \quad t = \frac{\hat{b}}{\hat{\sigma}}\sqrt{L_{xx}} = \frac{0.606}{0.927}\sqrt{908.7} = 19.71.$$

对 $\alpha = 0.01$，查表得 $t_{0.005}(28) = 2.7633$. 由于 $19.71 > 2.7633$，故与 F 检验的结果一致.

方法 3：相关系数检验.

$$R = \frac{L_{xy}}{\sqrt{L_{xx}L_{yy}}} = \frac{550.8}{\sqrt{908.7 \times 357.867}} = 0.966.$$

对 $\alpha = 0.01$，查表得 $R_{0.01}(28) = 0.463$. 由于 $0.966 > 0.463$，故与前面检验结果一致.

相关系数检验的优势是计算量少且 x 与 y 是对称的. 对于假设 H_0，相关系数检验与 F 检验是等效的，这是因为

$$F = \frac{(n-2)Q_R}{Q_e} = \frac{(n-2)R^2 Q_T}{Q_T - R^2 Q_T} = (n-2)\frac{R^2}{1-R^2}.$$

9.1.4　预测与控制

回归在实际问题中应用很广，主要有两方面. 一是预测. 例如，利用得到的回归方程，可由身高预测裤长. 二是控制. 在不少问题中，我们希望目标变量 y 控制在某个指定的水平上，而 x 是可调节的.

设 x 与 y 有显著的线性相关关系，当 $x = x_0$ 时，y 的取值为 y_0，有

$$y_0 = a + bx_0 + \varepsilon_0, \quad \varepsilon_0 \sim N(0, \sigma^2).$$

取经验回归值 $\hat{y}_0 = \hat{a} + \hat{b}x_0$ 作为 y_0 的预测值. 可以证明

$$T = \frac{y_0 - \hat{y}_0}{\hat{\sigma}\sqrt{1 + \dfrac{1}{n} + \dfrac{(x_0 - \bar{x})^2}{L_{xx}}}} \sim t(n-2).$$

所以，给定水平 α，y_0 的置信度为 $1-\alpha$ 的置信区间为 $[\hat{y}_0 - \delta(x_0), \ \hat{y}_0 + \delta(x_0)]$，其中

$$\delta(x_0) = t_{\frac{\alpha}{2}}(n-2)\hat{\sigma}\sqrt{1 + \frac{1}{n} + \frac{(x_0 - \bar{x})^2}{L_{xx}}}.$$

例 3　利用例 1 和例 2 结果来讨论裤长的预测问题. 设某女青年的身高为 175 cm，试求该女青年裤长的预测区间. ($\alpha = 0.05$)

解　$\hat{y}_0 = \hat{a} + \hat{b}x_0 = 5.368 + 0.606 \times 175 = 111.418$，查表得 $t_{0.025}(28) = 2.0484$，由

$$\delta(175) = 2.0484 \times 0.927\sqrt{1 + \frac{1}{30} + \frac{(175 - 159.9)^2}{908.7}} = 2.152,$$

预测区间

$$[111.418 - 2.152, \ 111.418 + 2.152] = [109.266, \ 113.57].$$

控制问题实际上是预测问题的反问题. 具体来讲，就是要求 y 在指定的范围 (y_1, y_2) 内，那么应将 x 控制在什么范围. 即要寻找两个数 x_1, x_2 使得

$$\hat{a} + \hat{b}x_1 - \delta(x_1) > y_1, \quad \hat{a} + \hat{b}x_2 - \delta(x_2) < y_2.$$

如果范围 (y_1, y_2) 给得合适，也就是控制目标合理的话，那么 x_1, x_2 原则上可以直接从上式中解出. 注意当 $\hat{b} > 0$ 时，控制区间为 (x_1, x_2)；当 $\hat{b} < 0$ 时，控制区间为 (x_2, x_1).

9.2 方差分析

在生产实践和科学试验中,影响一个事物的因素往往很多,比较各因素对事物产生影响的大小,是人们经常遇到的问题. 例如,农作物的产量受到品种、施肥量、气温、降水量等因素的影响. 为了增加产量,就要在这些众多的因素中找出影响最显著的因素,并指出它们各在什么状态下对增加产量最为有利,从而挑选最优的因素水平. 我们把考察的指标称为**试验指标**(如农作物的产量),影响试验指标的条件称为**因素**(如品种、施肥量、气温等),因素所处的状态称为**水平**.

9.2.1 单因素试验

若某项试验中,只有一个因素在改变,而其他因素保持不变,则称此试验称为单因素试验.

如水稻产量问题. 若只考虑肥料对产量的影响,而不考虑其他因素,这就是单因素试验(试验方法是在相同情况的田里分块种植,施用不同的肥料),施用的不同肥料称为肥料这一因素的各种水平,各种肥料下的亩产量值称为各水平的试验值. 可认为每种肥料下的亩产量就是一个总体,每一个总体下的样本就是各水平的试验值.

若试验中变化的因素多于一个,则称为**多因素试验**. 如水稻亩产量,受肥料、土壤等的影响. 一般地,设因素 A 有 m 个水平 $A_1, A_2, \cdots, A_m$,分别做了 $n_1, n_2, \cdots, n_m$ 次试验,试验数据如表 9—2 所示. 每个水平 A_i 为一个总体,对应于一个随机变量 X_i,设总体 $X_i \sim N(\mu_i, \sigma^2)(i=1,2,\cdots,m)$,注意这个式子相当于假设了这 m 个总体的方差都相同,但均值可能不同. 研究因素水平的变化对指标有无显著影响,就是要看 μ_i 之间是否有显著差异,即检验假设

$$H_0: \mu_1 = \mu_2 = \cdots = \mu_m, H_1: \mu_1, \mu_2, \cdots, \mu_m \text{ 不全相等}.$$

显然,当因素只有两个水平时,对应的问题就是两个正态总体的均值检验问题,利用 t 检验就可解决问题. 但因素多于两个水平时,使用 t 检验只能进行两两检验,这样就会使结论的可靠性降低. 方差分析是解决此类问题的最佳方法.

表 9—2

水平	试验数据			
A_1	x_{11}	x_{12}	$\cdots$	x_{1n_1}
A_2	x_{21}	x_{22}	$\cdots$	x_{2n_2}
$\vdots$	$\vdots$	$\vdots$	$\vdots$	$\vdots$
A_m	x_{m1}	x_{m2}	$\cdots$	x_{mn_m}

9.2.2 方差分析的基本原理

与回归分析中整体回归效果的 F 检验一样,方差分析也是从平方和分解着手,导出检验方案的.

1. 两种平均及其计算公式

记

$$n = n_1 + n_2 + \cdots + n_m.$$

各水平的数据之和

$$T_i = \sum_{j=1}^{n_i} x_{ij}, i = 1, 2, \cdots, m.$$

各水平的数据平均(**组平均**)

$$\bar{x}_i = \frac{T_i}{n_i}, i = 1, 2, \cdots, m.$$

所有数据之和

$$T = \sum_{i=1}^{m} T_i = \sum_{i=1}^{m} \sum_{j=1}^{n_i} x_{ij}.$$

数据总平均

$$\bar{x} = \frac{T}{n}.$$

2. 三个离差平方和的计算公式

总离差平方和

$$Q_T = \sum_{i=1}^{m} \sum_{j=1}^{n_i} (x_{ij} - \bar{x})^2 = \sum_{i=1}^{m} \sum_{j=1}^{n_i} x_{ij}^2 - n\bar{x}^2 = \sum_{i=1}^{m} \sum_{j=1}^{n_i} x_{ij}^2 - \frac{T^2}{n}, \qquad (9-10)$$

表示所有数据与数据总平均的偏差的平方和,反映了试验数据的整体差异.(9−10)式中的第一个等式为定义,最后一个等式为简便的计算公式.下面的(9−11)式和(9−12)式与此相同.

组间离差平方和

$$Q_A = \sum_{i=1}^{m} n_i (\bar{x}_i - \bar{x})^2 = \sum_{i=1}^{m} n_i \bar{x}_i^2 - n\bar{x}^2 = \sum_{i=1}^{m} \frac{T_i^2}{n_i} - \frac{T^2}{n}, \qquad (9-11)$$

表示各水平的平均值与数据总平均的偏差的平方和,反映了各水平之间的差异程度,也称因素 A 的**效应平方和**.

组内离差平方和

$$Q_e = \sum_{i=1}^{m} \sum_{j=1}^{n_i} (x_{ij} - \bar{x}_i)^2 = \sum_{i=1}^{m} \sum_{j=1}^{n_i} x_{ij}^2 - 2 \sum_{i=1}^{m} \bar{x}_i \sum_{j=1}^{n_i} x_{ij} + \sum_{i=1}^{m} \bar{x}_i^2 n_i = \sum_{i=1}^{m} \sum_{j=1}^{n_i} x_{ij}^2 - \sum_{i=1}^{m} \frac{T_i^2}{n_i},$$

$$(9-12)$$

表示各水平数据与该水平的平均值的偏差平方和,反映了试验中随机因素影响的大小,也称**误差平方和**.

由(9−10),(9−11)和(9−12)式,得到**平方和分解公式**

$$Q_T = Q_A + Q_e,$$

即整体差异 Q_T 可分解为各水平之间的差异 Q_A 和误差引起的差异 Q_e 两部分,从而若 $Q_A > Q_e$,说明各水平之间差异对结果的影响较大,则应拒绝 H_0. 反之,若 $Q_A < Q_e$,说明各水平内部所产生的随机误差对结果的影响比不同水平的影响更大,也说明 Q_A 相对较小,即

μ_i 的估计值 x_i 都与 $\bar{x}$ 较接近,所以可接受 H_0. 但是,大到什么程度,影响最明显呢?

3. 检验法

设 $X_{ij}(j=1,2,\cdots,n)$ 都服从正态分布 $N(\mu_i,\sigma^2)$ $(i=1,2,\cdots,m)$,X_{ij} 相互独立,则 Q_A 与 Q_e 相互独立,并且

$$\frac{Q_e}{\sigma^2} \sim \chi^2(n-m).$$

当 H_0 为真时,还有

$$\frac{Q_A}{\sigma^2} \sim \chi^2(m-1).$$

于是令

$$F = \frac{Q_A/(m-1)}{Q_e/(n-m)}.$$

当 H_0 为真时,有 $F \sim F(m-1,n-m)$,从而 F 可作为检验统计量,并且在 H_0 不成立时,F 的取值有偏大的趋势. 所以对于给定的显著性水平 α,如果根据样本观察值得到 F 的观察值满足 $F > F_\alpha(m-1,n-m)$,则拒绝 H_0,即因素水平的变化会引起显著的效果;否则只好接受 H_0,即认为因素 A 对试验指标的影响不显著.

通常将上面的结果列表,称为方差分析表,如表 9-3 所示.

表 9-3

方差来源	离差平方和	自由度	平均离差平方和	F 值
组间	Q_A	$m-1$	$\bar{Q}_A = \dfrac{Q_A}{m-1}$	$F = \dfrac{\bar{Q}_A}{\bar{Q}_e}$
组内	Q_e	$n-m$	$\bar{Q}_e = \dfrac{Q_e}{n-m}$	
总和	Q_T	$n-1$		$F_\alpha(m-1,n-m)$

结论:

(1)若 $F > F_{0.01}$,则因素 A 对试验指标的影响高度显著;

(2)若 $F_{0.05} < F \leqslant F_{0.01}$,则因素 A 对试验指标的影响显著;

(3)若 $F_{0.10} < F \leqslant F_{0.05}$,则因素 A 对试验指标的影响一般;

(4)$F \leqslant F_{0.10}$,则因素 A 对试验指标的影响不显著(无影响).

例 1 设有四台同样规格的机器生产厚度为 0.25 mm 的铝板,现在取样测得结果如表 9-4 所示. 判断各台机器产品的平均厚度是否相同.($\alpha = 0.01$)

表 9-4

I	II	III	IV
0.240	0.253	0.258	0.243
0.238	0.255	0.264	0.251
0.243		0.259	0.247

Ⅰ	Ⅱ	Ⅲ	Ⅳ
0.245		0.267	
0.247			

解　为简化计算,我们将所有数据都乘以 1000 后再减去 250,这样处理不影响最终的 F 值,而离差平方和只需除以1000^2 即可,如果要算均值,那么需加上 250 后再除以 1000 即可.列表计算得到表 9－5.

表 9－5

水平	Ⅰ	Ⅱ	Ⅲ	Ⅳ	
试验数据	-10 -12 -7 -5 -6	3 5	8 14 9 17	-7 1 -3	
n_i	5	2	4	3	$m=4, n=14$
T_i	-40	8	48	-9	$T=7$
$\bar{x}_i$	-8	4	12	-3	$\bar{x}=\dfrac{7}{14}=0.5$
T_i^2/n_i	320	32	576	27	$\sum\limits_{i=1}^{m}(T_i^2/n_i)=955$
$\sum\limits_{j=1}^{n_i} x_{ij}^2$	354	34	630	59	$\sum\limits_{i=1}^{m}\sum\limits_{j=1}^{n_i} x_{ij}^2=1077$

于是

$$Q_e = 1077 - 955 = 122,\quad Q_A = 955 - \frac{7^2}{14} = 951.5,\quad F = \frac{951.5/3}{122/10} = 25.997.$$

针对原数据列出方差分析表 9－6.

表 9－6

方差来源	离差平方和	自由度	平均离差平方和	F 值
组间	9.515×10^{-4}	3	3.172×10^{-4}	25.997
组内	1.22×10^{-4}	10	1.22×10^{-5}	
总和	1.0735×10^{-3}	13		$F_{0.01}(3,10)=6.55$

因为 $25.997 > 6.55$,所以拒绝 H_0,即这四台机器生产的铝板厚度有高度显著的差异.

利用表 9－5 可以得到四台机器的 μ_i 的估计值 $\bar{x}_i$:

$$\bar{x}_1 = \frac{-8+250}{1000} = 0.242,\quad \bar{x}_2 = \frac{4+250}{1000} = 0.254,$$

$$\bar{x}_3 = \frac{12+250}{1000} = 0.262,\quad \bar{x}_4 = \frac{-3+250}{1000} = 0.247.$$

由此可见,机器Ⅰ和机器Ⅲ需要检修,尤其是机器Ⅲ.

　　方差分析具有广泛的用途,例如医学界研究几种药物对某种疾病的疗效,农业上研究土壤、肥料、日照时间等因素对某种农作物的影响,不同饲料对牲畜体重增长的效果等都可以用方差分析法去解决. 有时还需用多因素方差分析,下面我们介绍多因素方差分析中的一种简单情形.

9.2.3　双因素方差分析

　　这里只介绍双因素方差分析中无交互作用的简单情况. 设试验中有 A,B 两个因素可改变,其他因素不变. 因素 A 有 a 个水平 $A_1,A_2,\cdots,A_a$,因素 B 有 b 个水平 $B_1,B_2,\cdots,B_b$,对因素的各种水平配合各做一次试验,数据如表 9—7 所示.

表 9—7

因素 B ＼ 因素 A	B_1	B_2	$\cdots$	B_b	行和 $T_i. =\sum\limits_{j=1}^{b} x_{ij}$
A_1	x_{11}	x_{12}	$\cdots$	x_{1b}	$T_1.$
A_2	x_{21}	x_{22}	$\cdots$	x_{2b}	$T_2.$
$\vdots$	$\vdots$	$\vdots$	$\vdots$	$\vdots$	$\vdots$
A_a	x_{a1}	x_{a2}	$\cdots$	x_{ab}	$T_a.$
列和 $T._j =\sum\limits_{i=1}^{a} x_{ij}$	$T._1$	$T._2$	$\cdots$	$T._b$	总和 $T=\sum\limits_{i=1}^{a}\sum\limits_{j=1}^{b} x_{ij}$

　　我们希望能由此表的数据判定:因素 A 是否对指标有显著影响? 因素 B 是否对指标有显著影响? 设 x_{ij} 为分别来自 ab 个总体 $X_{ij}\sim N(\mu_{ij},\sigma^2)$ 的容量为 1 的样本,X_{ij} 相互独立,其中

$$\mu_{ij} = \mu + \alpha_i + \beta_j, i=1,2,\cdots,a,j=1,2,\cdots,b,$$

μ 为常数,$\sum\limits_{i=1}^{a}\alpha_i =0,\sum\limits_{j=1}^{b}\beta_j =0.$ 称 α_i 为因素 A 在水平 A_i 的效应,称 β_j 为因素 B 在水平 B_j 的效应. 检验假设为

$$H_0:\alpha_1 = \alpha_2 = \cdots = \alpha_a = 0, H_1:\alpha_i \text{ 不全为 0.}$$

和

$$H_0':\beta_1 = \beta_2 = \cdots = \beta_b = 0, H_1':\beta_j \text{ 不全为 0.}$$

　　双因素方差分析的原理完全与单因素的类似,各离差平方和的定义与计算也完全类似,需注意多了因素 B 的效应平方和. 记

$$n = ab,\bar{x} = \frac{T}{n},\bar{x}_i. = \frac{T_i.}{b},\bar{x}._j = \frac{T._j}{a},$$

则

$$Q_T =\sum_{i=1}^{a}\sum_{j=1}^{b}(x_{ij}-\bar{x})^2 =\sum_{i=1}^{a}\sum_{j=1}^{b} x_{ij}^2 -\frac{T^2}{n},$$

$$Q_A =b\sum_{i=1}^{a}(\bar{x}_i. -\bar{x})^2 =\frac{1}{b}\sum_{i=1}^{a} T_i.^2 -\frac{T^2}{n},$$

$$Q_B =a\sum_{j=1}^{b}(\bar{x}._j -\bar{x})^2 =\frac{1}{a}\sum_{j=1}^{b} T._j^2 -\frac{T^2}{n},$$

$$Q_e =Q_T -Q_A -Q_B.$$

当 H_{01} 为真时,

$$F_A = \frac{Q_A/(a-1)}{Q_e/[(a-1)(b-1)]} \sim F(a-1,(a-1)(b-1));$$

当 H_{02} 为真时,

$$F_B = \frac{Q_B/(b-1)}{Q_e/[(a-1)(b-1)]} \sim F(b-1,(a-1)(b-1)).$$

在显著性水平 α 下,若 $F_A > F_\alpha(a-1,(a-1)(b-1))$,则拒绝 H_{01},认为因素 A 对指标有显著影响,否则没有显著影响;若 $F_B > F_\alpha(b-1,(a-1)(b-1))$,则拒绝 H_{02},认为因素 B 对指标有显著影响,否则没有显著影响.

例 2 工厂对生产的高速钢铣刀进行等温淬火工艺试验,目的是考察等温槽温度(单位:℃)、淬火温度(单位:℃)这两个因素对洛氏硬度的影响. 为此安排了两个因素在不同水平组合条件下的 9 次试验,试验测得平均硬度值如表 9-8 所示. 试考察两因素对洛氏硬度的影响,列出方差分析表,并写出检验报告.

表 9-8

等温槽温度 ＼ 淬火温度	1210℃	1235℃	1250℃
280℃	63	65	67
300℃	65	67	66
320℃	64	66	67

解 $a=b=3,n=9$ 为计算简便,将所有数据减去 65,列出表 9-9.

表 9-9

等温槽温度 ＼ 淬火温度	1210℃	1235℃	1250℃	行和
280℃	-2	0	2	0
300℃	0	2	1	3
320℃	-1	1	2	2
列和	-3	3	5	$T=5$

由上表可得 $\sum\limits_{i=1}^{3}\sum\limits_{j=1}^{3} x_{ij}^2 = 19$,从而

$$Q_T = 19 - \frac{5^2}{9} = 16.222, \quad Q_A = \frac{1}{3}(0^2 + 3^2 + 2^2) - \frac{25}{9} = 1.556,$$

$$Q_B = \frac{1}{3}((-3)^2 + 3^2 + 5^2) - \frac{25}{9} = 11.556, \quad Q_e = 16.222 - 1.556 - 11.556 = 3.11,$$

$$F_A = \frac{1.556/2}{3.11/4} = 1.00, \quad F_B = \frac{11.556/2}{3.11/4} = 7.43.$$

方差分析表如表 9-10 所示.

表 9-10

方差来源	离差平方和	自由度	平均离差平方和	F 值	结论
因素 A(等温槽温度)	1.556	2	0.778	$F_A = 1.00$	不显著
因素 B(淬火温度)	11.556	2	5.778	$F_B = 7.43$	显著

方差来源	离差平方和	自由度	平均离差平方和	F 值	结论
误差	3.11	4	0.778		
总和	16.222	8			

对因素 A,取 $\alpha=0.1$,查表得 $F_{0.1}(2,4)=4.32$,$F_A<4.32$,因此认为等温槽温度对洛氏硬度无显著影响;对因素 B,取 $\alpha=0.05$,查表得 $F_{0.05}(2,4)=6.94$,$F_B>6.94$,因此,当 $\alpha=0.05$时,认为淬火温度对洛氏硬度有显著影响.

习题 9

1. 炼铝厂测得所产铸模用的铝的硬度 x 与抗张强度 y 数据如下:

x　68　53　70　84　60　72　51　83　70　64

y　288　293　349　343　290　354　283　324　340　286

(1)求 y 对 x 的回归直线;

(2)在 $\alpha=0.05$ 下检验所得回归直线的显著性;

(3)试预报当铝的硬度 $x=65$ 时的抗张强度 y.

2. 随机抽测某地区 10 组母亲和女儿的身高(单位:cm)如下:

母亲 x　159　160　160　163　159　154　159　158　159　157

女儿 y　158　159　160　161　161　155　162　157　162　156

求女儿身高对母亲身高的线性回归方程,并在作出显著性检验后,预测当母亲身高为163 cm时女儿的身高.($\alpha=0.05$)

3. 三台机床 A,B,C 制造同一种产品,对每台机床各统计了 5 天的日产量如下:

A　41　48　41　49　57

B　65　57　54　72　64

C　45　51　56　48　48

试用方差分析法判断三台机床的日产量有无显著差异.($\alpha=0.05$)

4. 某化工过程分别在三种浓度、四种温度水平下做试验,所得成品产率如下:

浓度(%) \ 温度(℃)	10	24	33	52
2	14	11	13	10
4	9	10	7	6
6	5	13	12	14

假定在各个水平搭配下产率的总体服从正态分布且方差相等.在水平 $\alpha=0.05$ 下检验:在不同浓度下产率有无显著差异;在不同温度下产率有无显著差异.

5. 三种教学法分别在五所学校进行试验,其结果如下:

教学法 \ 学校	甲	乙	丙	丁	戊
方法 1	75	62	71	58	73

续表

教学法＼学校	甲	乙	丙	丁	戊
方法 2	81	85	68	92	90
方法 3	73	79	60	73	81

假设在不同教学法及不同学校下试验结果的总体服从正态分布且方差相等. 试在 $\alpha = 0.05$ 下, 确定教学法之间是否存在显著差异? 学校之间是否存在显著差异?

参考答案

习题 1

1. (1){正正,正反,反正,反反};(2){3,4,…,10};(3){1,2,…,n,…}.

2. {白白白;白红红;红红白;红白红;白红白;红白白;白白红;红红红}.

3. (1)ABC 或 $AB-C$ 或 $AB-ABC$;(2)$A+B-C$ 或 $(A+B)\bar{C}$;(3)$AB\cup BC\cup AC$;

(4)$\overline{AB}\cup\overline{BC}\cup\overline{AC}$ 或 $\bar{A}BC\cup A\bar{B}C\cup AB\bar{C}\cup\bar{A}\bar{B}\bar{C}$;

(5)$\overline{ABC}$ 或 $\bar{A}BC\cup A\bar{B}C\cup AB\bar{C}\cup\bar{A}\bar{B}C\cup\bar{A}B\bar{C}\cup A\bar{B}\bar{C}\cup ABC$.

4. (1)$\overline{A_1}\,\overline{A_2}\,\overline{A_3}\,\overline{A_4}$;(2)$A_1\cup A_2\cup A_3\cup A_4=\overline{\overline{A_1}\,\overline{A_2}\,\overline{A_3}\,\overline{A_4}}$;

(3)$A_1\,\overline{A_2}\,\overline{A_3}\,\overline{A_4}\cup\overline{A_1}A_2\,\overline{A_3}\,\overline{A_4}\cup\overline{A_1}\,\overline{A_2}A_3\,\overline{A_4}\cup\overline{A_1}\,\overline{A_2}\,\overline{A_3}A_4$;

(4)$A_1A_2A_3\,\overline{A_4}\cup A_1A_2\,\overline{A_3}A_4\cup A_1\,\overline{A_2}A_3A_4\cup\overline{A_1}A_2A_3A_4\cup A_1A_2A_3A_4$ 或

$A_1A_2A_3\cup A_1A_2A_4\cup A_1A_3A_4\cup A_2A_3A_4$;

(5)$A_1\,\overline{A_2}\,\overline{A_3}\,\overline{A_4}\cup\overline{A_1}A_2\,\overline{A_3}\,\overline{A_4}\cup\overline{A_1}\,\overline{A_2}A_3\,\overline{A_4}\cup\overline{A_1}\,\overline{A_2}\,\overline{A_3}A_4$.

5. 事件 A,B 对立与互不相容的共同点是都有 $AB=\varnothing$,不同的是对立还应满足 $A+B=\Omega$. A,B,C 互不相容和 $ABC=\varnothing$ 不同,如 $AB=\varnothing$,$AC=\varnothing$,$BC=\varnothing$ 时均有 $ABC=\varnothing$,但 A,B,C 不一定互不相容.

6. $P(AB)=p+q-r$,$P(\overline{AB})=1-p-q+r$,$P(\overline{A}B)=1-r$,$P(A\overline{B})=r-p$,$P(\overline{A}B)=r-q$.

7. 当 $P(A\cup B)=0.7$ 时,$P(AB)$ 取到最大值 0.6;当 $P(A\cup B)=1$ 时,$P(AB)$ 取到最小值 0.3.

8. $P(\overline{A}\,\overline{B})=1-P(A\cup B)=1-P(A)-P(B)+P(AB)=P(AB)$.

9. $\dfrac{C_M^m C_{N-M}^{n-m}}{C_N^n}$.

10. (1)$\dfrac{7}{44}$;(2)$\dfrac{37}{44}$;(3)$\dfrac{4}{11}$.

11. (1)$\dfrac{1}{n}$;(2)$\dfrac{3}{n}$.

12. (1)$\dfrac{5}{6}$;(2)$\dfrac{1}{9}$.

13. $\dfrac{1}{9}$.

14. $\dfrac{1}{4}$.

15. $a < \dfrac{10}{9}d$.

16. $\dfrac{17}{25}$.

17. $\dfrac{6}{7}$.

18. $P(B \mid A) = \dfrac{1}{2}$; $P(A \mid B) = \dfrac{3}{7}$.

19. $\dfrac{3}{4}$.

20. 不放回时：$\dfrac{28}{45}$. 有放回时：$\dfrac{16}{25}$.

21. $\dfrac{9}{1078}$.

22. $\dfrac{8}{33}$.

23. 0.0345.

24. $(1)\dfrac{29}{360}$；$(2)\dfrac{3}{29}$.

25. $(1)0.1458$；$(2)\dfrac{5}{21}$.

26. $P(A\bar{B}) = \dfrac{1}{2}$；$P(\bar{A} \cup \bar{B}) = \dfrac{3}{4}$.

27. 互不相容：$a = 0.3$. 相互独立：$a = \dfrac{3}{7}$.

28. $P(A \cup B) = \alpha + \beta - \alpha\beta$，$P(A \cup \bar{B}) = 1 - \beta + \alpha\beta$，$P(\bar{A} \cup \bar{B}) = 1 - \alpha\beta$.

29. 0.36.

30. 0.133.

31. 6.

32. $\dfrac{5}{16}$.

33. $(1)0.1536$；$(2)0.1024$；$(3)0.5904$.

34. $\dfrac{3}{4}$.

35. $P_4(2) > P_6(3)$，$\dfrac{1}{16}$.

36. 0.209.

习题 2

1. 不能.

2. $(1)\dfrac{1}{2}$；$(2)\dfrac{1}{e}$.

3. $P\{X=k\}=C_6^k\times0.8^k\times0.2^{6-k}$, $k=0,1,2\cdots,6$.

4. (1)0.1563;(2)0.2149;

5. 0.168.

6. $\lambda=2$, $P\{X=0\}=e^{-2}$.

7.

X	0	1	2	3
P	7/10	7/30	7/120	1/120

8. (1)$C=2$, $P\{0.4<x<0.6\}=0.2$;(2)0.2;(3)$\dfrac{\sqrt2}{2}$.

9. $C=\dfrac{1}{\pi}$, $P\{-0.5<x<0.5\}=\dfrac{1}{3}$.

10. $C=\dfrac{1}{2}$, $P\{|X|<1\}=1-e^{-1}$.

11. 能.

12. 0.4801,0.6368,0.3830.

13. (1)2.58;(2)1.65.

14. 976.56.

15. $F(x)=\begin{cases}0, & x<0,\\1-p, & 0\leqslant x<1,\\1, & x\geqslant1.\end{cases}$

16. (1)$F(x)=\begin{cases}1-\dfrac{9}{x^2}, & x\geqslant3,\\0, & x<3.\end{cases}$ (3)$\dfrac{5}{36}$.

17. (1)$F(x)=\begin{cases}0, & x<0,\\\dfrac{1}{2}x^2, & 0\leqslant x<1,\\2x-\dfrac{1}{2}x^2-1, & 1\leqslant x<2,\\1, & x\geqslant2.\end{cases}$ (3)$F(0.5)=0.125$, $F(1.5)=0.875$.

18. 可以作为分布函数,概率密度 $p(x)=\dfrac{1}{\pi(1+x^2)}$, $-\infty<x<+\infty$.

19.

Y_1	-2π	$-\pi$	0	π	2π
P	1/10	1/5	2/5	1/5	1/10

Y_2	0	$\pi/2$	π
P	2/5	2/5	1/5

Y_3	-1	0	1
P	1/5	3/5	1/5

Y_4	0	$\pi^2/4$	π^2	$9\pi^2/4$
P	1/5	1/2	1/5	1/10

20. (1)$p_Y(y)=\begin{cases}\dfrac{1}{3}e^{-\frac{y-3}{3}}, & y\geqslant3,\\0, & y<3.\end{cases}$ (2)$p_Z(z)=\begin{cases}2ze^{-z^2}, & z>0,\\0, & z\leqslant0.\end{cases}$

21. $p_Y(y)=\dfrac{1}{4\sqrt{2\pi}}e^{-\frac{(x+1)^2}{32}}$, $-\infty<x<+\infty$.

22. 0.2404.

23. $p_Y(y) = \begin{cases} \dfrac{1}{b-a}\left(\dfrac{2}{9\pi}\right)^{\frac{1}{3}} y^{-\frac{2}{3}}, & \dfrac{\pi a^3}{6} \leqslant y \leqslant \dfrac{\pi b^3}{6}, \\ 0, & \text{其他.} \end{cases}$

习题 3

1. 有放回

X\Y	0	1
0	1/25	4/25
1	4/25	16/25

无放回

X\Y	0	1
0	0	4/20
1	4/20	12/20

2. $C = \dfrac{1}{\pi R^2}$, $P = \dfrac{r}{R^2}(2R - r)$.

3. $p(x,y) = \begin{cases} 3, & (x,y) \in D, \\ 0, & (x,y) \notin D. \end{cases}$

4. (1) $p(x,y) = \dfrac{1}{\sqrt{3}\pi} e^{-\frac{2}{3}[(x-3)^2 - (x-3)y + y^2]}$, $-\infty < x, y < +\infty$.

(2) $p(x,y) = \dfrac{1}{\sqrt{2}\pi} e^{-\frac{1}{2}[(x-1)^2 + 2(y-2)^2]}$, $-\infty < x, y < +\infty$.

5.
X	1	2
P	1/4	3/4

Y	1	2
P	1/3	2/3

X, Y 独立.

6.

X\Y	1	2
0	2/30	3/30
1	4/30	6/30
2	6/30	9/30

7. $\alpha = 0.15, \beta = 0.3$.

8. $A = \dfrac{1}{2}$;

$p_X(x) = \begin{cases} \dfrac{1}{2}(\cos x + \sin x), & 0 < x < \dfrac{\pi}{2}, \\ 0, & \text{其他.} \end{cases}$ $p_Y(y) = \begin{cases} \dfrac{1}{2}(\cos y + \sin y), & 0 < y < \dfrac{\pi}{2}, \\ 0, & \text{其他.} \end{cases}$

X, Y 不独立.

9. X, Y 相互独立.

10. (1)
Z_1	-2	0	1	3	4
P	0.1	0.1	0.35	0.3	0.15

(2)
Z_2	-3	-2	0	1	3
P	0.05	0.1	0.25	0.3	0.3

(3)
Z_3	-2	-1	1	2	4
P	0.35	0.1	0.1	0.3	0.15

(4)
Z_4	-2	-1	-1/2	1/2	1
P	0.05	0.1	0.3	0.3	0.25

11. 证明：记 $Z = X + Y$，

由 $P(X=k) = \dfrac{\lambda_1^k}{k!}e^{-\lambda_1}$，$P(Y=k) = \dfrac{\lambda_2^k}{k!}e^{-\lambda_2}$，$k=0,1,2,\cdots$，

有
$$
\begin{aligned}
P(Z=k) &= \sum_{m=0}^{k} P(X=m) \cdot P(Y=k-m)\\
&= \sum_{m=0}^{k} \left(\frac{\lambda_1^m}{m!}e^{-\lambda_1} \right)\left(\frac{\lambda_2^{k-m}}{(k-m)!}e^{-\lambda_2} \right)\\
&= e^{-(\lambda_1+\lambda_2)} \sum_{m=0}^{k} \frac{\lambda_1^m \lambda_2^{k-m}}{m!\,(k-m)!}\\
&= \frac{(\lambda_1+\lambda_2)^k}{k!}e^{-(\lambda_1+\lambda_2)},
\end{aligned}
$$

说明 Z 服从参数为 $\lambda_1+\lambda_2$ 的泊松分布，得证.

12. $p_Z(z) = \begin{cases} e^{-z}(e-1), & z \geq 1, \\ 1-e^{-z}, & 0 \leq z < 1, \\ 0, & z < 0. \end{cases}$

13. $p_Z(z) = \begin{cases} \dfrac{1}{2}z^4, & 0 \leq z < 1, \\[2mm] -2z+3z^2-\dfrac{1}{2}z^4, & 1 \leq z < 2, \\[2mm] 0, & \text{其他.} \end{cases}$

14. $p_Z(z) = \begin{cases} \dfrac{1}{6}z^3 e^{-z}, & z > 0, \\[2mm] 0, & z \leq 0. \end{cases}$

15. $p_Z(z) = \begin{cases} \dfrac{1}{5!}z^5 e^{-z}, & z > 0, \\[2mm] 0, & z \leq 0. \end{cases}$

16. $p_Z(z) = \begin{cases} 4z e^{-2z}, & z > 0, \\ 0, & z \leq 0. \end{cases}$

习题 4

1. $EX = 2, E(-X+1) = -1, E(2X^2-3) = 7$.

2. $\dfrac{3}{8}$.

3. $\dfrac{1}{p}$.

4. $EX = \dfrac{4}{5}, E(5X-1) = 3$.

5. 0.

6. $\pi(b+a)(b^2+a^2)/24$.

7. $EX = \dfrac{8}{9}, DX = \dfrac{26}{81}$.

8. $EX=11, DX=\dfrac{110}{3}$.

9. $DX=\dfrac{1}{2}, D(2X+1)=2$.

10. 2.

11. $\dfrac{R^2}{2}$.

12. $DX=\dfrac{q}{p^2}, q=1-p$.

13. $\dfrac{3}{2}$.

14. $\sigma_{XY}=0, \rho_{XY}=0, X$ 和 Y 不相关, 不独立.

15. $\sigma_{XY}=0, \rho_{XY}=0, X$ 和 Y 不相关, 相互独立.

16. $\sigma_{XX}=\dfrac{1}{4}, \sigma_{YY}=\dfrac{1}{4}, \sigma_{XY}=0, \rho_{XY}=0, X$ 和 Y 不相关, 不独立.

17. 4.

18. $D(X+Y)=41, D(X-Y)=17, D(2X+Y)=65$.

习题 5

1. (1)$\dfrac{1}{12}$; (2)$\dfrac{1}{4}$.

2. 0.8889.

3. 0.7685.

4. $D(X_n)=2^{-n}(1-2^{-n})$, 由于 $X_1, X_2, \cdots, X_n, \cdots$ 相互独立, 有 $D\left(\dfrac{1}{n}\sum\limits_{i=1}^{n}x_i\right)=$ $\dfrac{1}{n}\sum\limits_{i=1}^{n}\dfrac{1}{2^i}\left(1-\dfrac{1}{2^i}\right)\leqslant\dfrac{1}{n^2}\left(1-\dfrac{1}{2^n}\right)$, 从而有 $0\leqslant\lim\limits_{n\to\infty}P\left(\left|\dfrac{1}{n}\sum\limits_{i=1}^{n}X_i-\dfrac{1}{n}\sum\limits_{i=1}^{n}EX_i\right|\geqslant\varepsilon\right)\leqslant\lim\limits_{n\to\infty}\dfrac{1}{\varepsilon^2}$ $D\left(\dfrac{1}{n}\sum\limits_{i=1}^{n}X_i\right)\leqslant\lim\limits_{n\to\infty}\dfrac{1}{n^2\varepsilon^2}\left(1-\dfrac{1}{2^n}\right)=0$, 于是 $\lim\limits_{n\to\infty}P\left(\left|\dfrac{1}{n}\sum\limits_{i=1}^{n}X_i-\dfrac{1}{n}\sum\limits_{i=1}^{n}EX_i\right|\geqslant\varepsilon\right)=0$. 说明 $X_1, X_2, \cdots, X_n, \cdots$ 服从大数定律.

5. 0.8395.

6. 只要供应 151 台机床所需的 2265 单位电能就能以 95% 的概率保证不会因为供电不足影响生产.

7. (1)0.0228; (2)0.9951.

8. 用切贝谢夫不等式估计 $n\geqslant250$, 用中心极限定理估计 $n\geqslant68$; 中心极限定理估计精度更高.

习题 6

1. 除 T_4 外其余都是统计量.

2. $\bar{x}=100, s^2=42.5$.

3. $\bar{x}=0, s^2=42.5$, 数据都减去一个常数后, 方差不变.

4.

$$F_{20}(x)=\begin{cases}0, & x<148,\\0.1, & 148\leqslant x<149,\\0.2, & 149\leqslant x<150,\\0.45, & 150\leqslant x<151,\\0.5, & 151\leqslant x<152,\\0.6, & 152\leqslant x<153,\\0.75, & 153\leqslant x<154,\\0.95, & 154\leqslant x<156,\\1, & x\geqslant156.\end{cases}$$

5. 0.9097.

6. 0.8808.

7. (1)23.337,4.404;(2)21.026.

8. (1)2.7638,−2.7638;(2)2.2281;(3)1.8125.

习题 7

1. $\hat{\mu}=14.9$;(2)$\hat{\sigma}^2=0.04667$.

2. $\hat{a}=3\bar{X}$.

3. $\hat{\theta}=\dfrac{1}{2}\bar{X}$.

4. 矩估计 $\hat{\theta}=\dfrac{\bar{x}}{1-\bar{x}}$,极大似然估计 $\hat{\theta}=-\dfrac{n}{\ln(x_1x_2\cdots x_n)}$.

5. $\hat{\lambda}=\bar{x}$.

6. $D(u_3)<D(u_1)<D(u_2)$.

7. (1)$\bar{X}-\bar{y}$;(2)由 $E(S_1^2)=\sigma^2$, $E(S_2^2)=\sigma^2$,得 $E(S_w^2)=\dfrac{(n_1-1)\sigma^2+(n_2-1)\sigma^2}{n_1+n_2-2}=\sigma^2$.

8. $n\geqslant\left(\dfrac{2\sigma u_{a/2}}{L}\right)^2$,$n\geqslant61.4656$.

9. $\sigma=0.3$ 时:$[21.537,22.063]$;σ 未知时:$[21.3438,22.2562]$.

10. $[0.027,0.419]$.

11. 920.845.

习题 8

1. 假设硬币是均匀的,则 8 次中有 6 次正面的概率为 $C_8^6\left(\dfrac{1}{2}\right)^8\approx0.11$,由小概率原理可认为硬币是不均匀的.

2. 假设有 95% 达标,那么 3 台中有 2 台未达标的概率为 $C_3^2\times0.05^2\times0.95=$

0.007125,该制造商的话不真实.

3. $H_0:\mu=8,H_1:\mu\neq8$;拒绝 H_0,这批弹壳不合格.

4. $H_0:\mu=100,H_1:\mu\neq100$;不能拒绝 H_0,可认为该日打包机工作是正常的.

5. $H_0:\mu=72,H_1:\mu\neq72$;拒绝 H_0,慢性四乙基铅中毒患者与正常人的脉搏有显著差异.

6. $H_0:\sigma^2=0.392,H_1:\sigma^2\neq0.392$;不能拒绝 H_0,可认为该厂的承诺是可信的.

7. $H_0:\mu\leq2000,H_1:\mu>2000$;拒绝 H_0,这批灯泡不合格.

8. $H_0:\sigma\geq0.24,H_1:\sigma<0.24$;不能拒绝 H_0,该仪器的精度可能下降.

9. $H_0:\mu_1=\mu_2,H_1:\mu_1\neq\mu_2$;拒绝 H_0,两种育苗方案对杨树苗的高度有显著影响($3.15>1.645$).

10. 无显著差异($1/3.85<2.13<4.30$).

11. 加工精度没有显著降低($0.7>1/3.14$).

习题 9

1.(1)$\hat{y}=188.988+1.86685x$;(2)x 与 y 之间线性关系显著($R=0.697$ 或 $F=7.551$ 或 $t=2.748$);(3)310.333.

2.(1)$\hat{y}=34.996+0.7815x$;(2)x 与 y 之间线性关系显著($R=0.715$ 或 $F=8.358$ 或 $t=2.891$;(3)162.38.

3. 三台机床的日产量有显著差异($F=8.959$).

4. 三种浓度对产率影响大体一致($F_A=1.642$);四种温度对产率影响也大体一致($F_B=0.211$).

5. 三种教学法之间存在显著差异($F_A=4.896$);五所学校之间不存在显著差异($F_B=1.41$).

附　　表

附表 1　标准正态分布表

$$\Phi(x) = \int_{-\infty}^{x} \frac{1}{\sqrt{2\pi}} e^{-t^2/2} dt$$

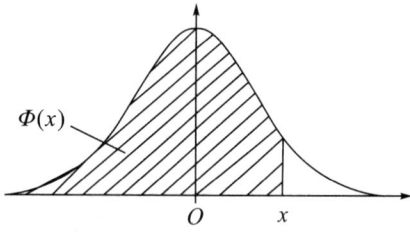

x	0.00	0.01	0.02	0.03	0.04	0.05	0.06	0.07	0.08	0.09
0.0	0.5000	0.5040	0.5080	0.5120	0.5160	0.5199	0.5239	0.5279	0.5319	0.5359
0.1	0.5398	0.5438	0.5478	0.5517	0.5557	0.5596	0.5636	0.5675	0.5714	0.5753
0.2	0.5793	0.5832	0.5871	0.5910	0.5948	0.5987	0.6026	0.6064	0.6103	0.6141
0.3	0.6179	0.6217	0.6255	0.6293	0.6331	0.6368	0.6406	0.6443	0.6480	0.6517
0.4	0.6554	0.6591	0.6628	0.6664	0.6700	0.6736	0.6772	0.6808	0.6844	0.6879
0.5	0.6915	0.6950	0.6985	0.7019	0.7054	0.7088	0.7123	0.7157	0.7190	0.7224
0.6	0.7257	0.7291	0.7324	0.7357	0.7389	0.7422	0.7454	0.7486	0.7517	0.7549
0.7	0.7580	0.7611	0.7642	0.7673	0.7704	0.7734	0.7764	0.7794	0.7823	0.7852
0.8	0.7881	0.7910	0.7939	0.7967	0.7995	0.8023	0.8051	0.8078	0.8106	0.8133
0.9	0.8159	0.8186	0.8212	0.8238	0.8264	0.8289	0.8315	0.8340	0.8365	0.8389
1.0	0.8413	0.8438	0.8461	0.8485	0.8508	0.8531	0.8554	0.8577	0.8599	0.8621
1.1	0.8643	0.8665	0.8686	0.8708	0.8729	0.8749	0.8770	0.8790	0.8810	0.8830
1.2	0.8849	0.8869	0.8888	0.8907	0.8925	0.8944	0.8962	0.8980	0.8997	0.9015
1.3	0.9032	0.9049	0.9066	0.9082	0.9099	0.9115	0.9131	0.9147	0.9162	0.9177
1.4	0.9192	0.9207	0.9222	0.9236	0.9251	0.9265	0.9279	0.9292	0.9306	0.9319
1.5	0.9332	0.9345	0.9357	0.9370	0.9382	0.9394	0.9406	0.9418	0.9429	0.9441
1.6	0.9452	0.9463	0.9474	0.9484	0.9495	0.9505	0.9515	0.9525	0.9535	0.9545
1.7	0.9554	0.9564	0.9573	0.9582	0.9591	0.9599	0.9608	0.9616	0.9625	0.9633
1.8	0.9641	0.9649	0.9656	0.9664	0.9671	0.9678	0.9686	0.9693	0.9699	0.9706
1.9	0.9713	0.9719	0.9726	0.9732	0.9738	0.9744	0.9750	0.9756	0.9761	0.9767
2.0	0.9772	0.9778	0.9783	0.9788	0.9793	0.9798	0.9803	0.9808	0.9812	0.9817
2.1	0.9821	0.9826	0.9830	0.9834	0.9838	0.9842	0.9846	0.9850	0.9854	0.9857
2.2	0.9861	0.9864	0.9868	0.9871	0.9875	0.9878	0.9881	0.9884	0.9887	0.9890
2.3	0.9893	0.9896	0.9898	0.9901	0.9904	0.9906	0.9909	0.9911	0.9913	0.9916

x	0.00	0.01	0.02	0.03	0.04	0.05	0.06	0.07	0.08	0.09
2.4	0.9918	0.9920	0.9922	0.9925	0.9927	0.9929	0.9931	0.9932	0.9934	0.9936
2.5	0.9938	0.9940	0.9941	0.9943	0.9945	0.9946	0.9948	0.9949	0.9951	0.9952
2.6	0.9953	0.9955	0.9956	0.9957	0.9959	0.9960	0.9961	0.9962	0.9963	0.9964
2.7	0.9965	0.9966	0.9967	0.9968	0.9969	0.9970	0.9971	0.9972	0.9973	0.9974
2.8	0.9974	0.9975	0.9976	0.9977	0.9977	0.9978	0.9979	0.9979	0.9980	0.9981
2.9	0.9981	0.9982	0.9982	0.9983	0.9984	0.9984	0.9985	0.9985	0.9986	0.9986
3.0	0.9987	0.9987	0.9987	0.9988	0.9988	0.9989	0.9989	0.9989	0.9990	0.9990
3.1	0.9990	0.9991	0.9991	0.9991	0.9992	0.9992	0.9992	0.9992	0.9993	0.9993
3.2	0.9993	0.9993	0.9994	0.9994	0.9994	0.9994	0.9994	0.9995	0.9995	0.9995
3.3	0.9995	0.9995	0.9995	0.9996	0.9996	0.9996	0.9996	0.9996	0.9996	0.9997
3.4	0.9997	0.9997	0.9997	0.9997	0.9997	0.9997	0.9997	0.9997	0.9997	0.999

附表2　泊松分布的概率数值表

$$P\{X=k\}=\frac{\lambda^k}{k!}\mathrm{e}^{-\lambda}$$

k \ λ	0.1	0.2	0.3	0.4	0.5	0.6	0.7	0.8	0.9
0	0.9048	0.8187	0.7408	0.6703	0.6065	0.5488	0.4966	0.4493	0.4066
1	0.0905	0.1637	0.2222	0.2681	0.3033	0.3293	0.3476	0.3595	0.3659
2	0.0045	0.0164	0.0333	0.0536	0.0758	0.0988	0.1217	0.1438	0.1647
3	0.0002	0.0011	0.0033	0.0072	0.0126	0.0196	0.0284	0.0383	0.0494
4	0.0000	0.0001	0.0003	0.0007	0.0016	0.0030	0.0050	0.0077	0.0111
5		0.0000	0.0000	0.0001	0.0002	0.0004	0.0007	0.0012	0.0020
6			0.0000	0.0000	0.0000	0.0001	0.0002	0.0003
7							0.0000	0.0000	0.0000

k \ λ	1	2	3	4	5	6	7	8	9
0	0.3679	0.1353	0.0498	0.0183	0.0067	0.0025	0.0009	0.0003	0.0001
1	0.3679	0.2707	0.1494	0.0733	0.0337	0.0149	0.0064	0.0027	0.0011
2	0.1839	0.2707	0.2240	0.1465	0.0842	0.0447	0.0223	0.0107	0.0050
3	0.0613	0.1804	0.2240	0.1954	0.1404	0.0892	0.0521	0.0286	0.0150
4	0.0153	0.0902	0.1680	0.1954	0.1755	0.1339	0.0912	0.0573	0.0337
5	0.0031	0.0361	0.1008	0.1563	0.1755	0.1606	0.1277	0.0916	0.0607
6	0.0005	0.0120	0.0504	0.1042	0.1462	0.1606	0.1490	0.1221	0.0911
7	0.0001	0.0034	0.0216	0.0595	0.1044	0.1377	0.1490	0.1396	0.1171
8	0.0000	0.0009	0.0081	0.0298	0.0653	0.1033	0.1304	0.1396	0.1318
9		0.0002	0.0027	0.0132	0.0363	0.0688	0.1014	0.1241	0.1318
10		0.0000	0.0008	0.0053	0.0181	0.0413	0.0710	0.0993	0.1186
11			0.0002	0.0019	0.0082	0.0225	0.0452	0.0722	0.0970
12			0.0001	0.0006	0.0034	0.0113	0.0264	0.0481	0.0728
13			0.0000	0.0002	0.0013	0.0052	0.0142	0.0296	0.0504
14				0.0000	0.0001	0.0005	0.0022	0.0071	0.0169	0.0324
15					0.0000	0.0002	0.0009	0.0033	0.0090	0.0194
16						0.0001	0.0003	0.0014	0.0045	0.0109
17						0.0000	0.0002	0.0006	0.0021	0.0058
18							0.0000	0.0002	0.0009	0.0029
19								0.0001	0.0004	0.0014
20								0.0000	0.0002	0.0006
21									0.0001	0.0003
22									0.0000	0.0001
23										0.0000

附表3　泊松分布的累积概率数值表

$$P\{X \geqslant m\} = \sum_{k=m}^{\infty} \frac{\lambda^k}{k!} e^{-\lambda}$$

m	λ								
	0.1	0.2	0.3	0.4	0.5	0.6	0.7	0.8	0.9
0	1.0000	1.0000	1.0000	1.0000	1.0000	1.0000	1.0000	1.0000	1.0000
1	0.0952	0.18139	0.2592	0.3297	0.3935	0.4512	0.5034	0.5507	0.5934
2	0.0047	0.0175	0.0369	0.0616	0.0902	0.1219	0.1558	0.1912	0.2275
3	0.0002	0.0011	0.0036	0.0079	0.0144	0.0231	0.0341	0.0474	0.0629
4	0.0000	0.0000	0.0003	0.0008	0.0018	0.0034	0.0058	0.0091	0.0135
5			0.0000	0.0000	0.0002	0.0004	0.0008	0.0014	0.0023
6					0.0000	0.0000	0.0001	0.0002	0.0003
7							0.0000	0.0000	0.0000

m	λ								
	1	2	3	4	5	6	7	8	9
0	1.0000	1.0000	1.0000	1.0000	1.0000	1.0000	1.0000	1.0000	1.0000
1	0.6321	0.8647	0.9502	0.9817	0.9933	0.9975	0.9991	0.9997	0.9999
2	0.2642	0.5940	0.8009	0.9084	0.9596	0.9826	0.9927	0.9970	0.9988
3	0.0803	0.3233	0.5768	0.7619	0.8753	0.9380	0.9704	0.9862	0.9938
4	0.0190	0.1429	0.3528	0.5665	0.7350	0.8488	0.9182	0.9576	0.9788
5	0.0037	0.0527	0.1847	0.3712	0.5595	0.7149	0.8270	0.9004	0.9450
6	0.0006	0.0166	0.0839	0.2149	0.3840	0.5543	0.6993	0.8088	0.8843
7	0.0001	0.0045	0.0335	0.1107	0.2378	0.3937	0.5503	0.6866	0.7932
8	0.0000	0.0011	0.0119	0.0511	0.1334	0.2560	0.4013	0.5470	0.6761
9		0.0002	0.0038	0.0213	0.0681	0.1528	0.2709	0.4075	0.5443
10		0.0000	0.0011	0.0081	0.0318	0.0839	0.1695	0.2834	0.4126
11			0.0003	0.0028	0.0137	0.0426	0.0985	0.1841	0.2940
12			0.0001	0.0009	0.0055	0.0201	0.0536	0.1119	0.1970
13			0.0000	0.0003	0.0020	0.0088	0.0270	0.0638	0.1242
14				0.0001	0.0007	0.0036	0.0128	0.0342	0.0739
15				0.0000	0.0002	0.0014	0.0057	0.0173	0.0415
16				0.0000	0.0001	0.0005	0.0024	0.0082	0.0220
17					0.0000	0.0002	0.0010	0.0037	0.0111
18						0.0001	0.0004	0.0016	0.0053
19						0.0000	0.0001	0.0007	0.0024
20							0.0000	0.0003	0.0011
21								0.0001	0.0004
22								0.0000	0.0002
23									0.0001
24									0.0000

附表4 χ^2 分布表

$P\{\chi^2(n) > \chi_\alpha^2(n)\} = \alpha$

n \ α	0.995	0.99	0.975	0.95	0.90	0.10	0.05	0.025	0.01	0.005
1	0.000	0.000	0.001	0.004	0.016	2.706	3.841	5.024	6.635	7.879
2	0.010	0.020	0.051	0.103	0.211	4.605	5.991	7.378	9.210	10.597
3	0.072	0.115	0.216	0.352	0.584	6.251	7.815	9.348	11.345	12.838
4	0.207	0.297	0.484	0.711	1.064	7.779	9.488	11.143	13.277	14.860
5	0.412	0.554	0.831	1.145	1.610	9.236	11.070	12.833	15.086	16.750
6	0.676	0.872	1.237	1.635	2.204	10.645	12.592	14.449	16.812	18.548
7	0.989	1.239	1.690	2.167	2.833	12.017	14.067	16.013	18.475	20.278
8	1.344	1.646	2.180	2.733	3.490	13.362	15.507	17.535	20.090	21.955
9	1.735	2.088	2.700	3.325	4.168	14.684	16.919	19.023	21.666	23.589
10	2.156	2.558	3.247	3.940	4.865	15.987	18.307	20.483	23.209	25.188
11	2.603	3.053	3.816	4.575	5.578	17.275	19.675	21.920	24.725	26.757
12	3.074	3.571	4.404	5.226	6.304	18.549	21.026	23.337	26.217	28.300
13	3.565	4.107	5.009	5.892	7.042	19.812	22.362	24.736	27.688	29.819
14	4.075	4.660	5.629	6.571	7.790	21.064	23.685	26.119	29.141	31.319
15	4.601	5.229	6.262	7.261	8.547	22.307	24.996	27.488	30.578	32.801
16	5.142	5.812	6.908	7.962	9.312	23.542	26.296	28.845	32.000	34.267
17	5.697	6.408	7.564	8.672	10.085	24.769	27.587	30.191	33.409	35.718
18	6.265	7.015	8.231	9.390	10.865	25.989	28.869	31.526	34.805	37.156
19	6.844	7.633	8.907	10.117	11.651	27.204	30.144	32.852	36.191	38.582
20	7.434	8.260	9.591	10.851	12.443	28.412	31.410	34.170	37.566	39.997
21	8.034	8.897	10.283	11.591	13.240	29.615	32.671	35.479	38.932	41.401
22	8.643	9.542	10.982	12.338	14.041	30.813	33.924	36.781	40.289	42.796
23	9.260	10.195	11.689	13.091	14.848	32.007	35.172	38.076	41.638	44.181
24	9.886	10.856	12.401	13.848	15.659	33.196	36.415	39.364	42.980	45.559
25	10.520	11.524	13.120	14.611	16.473	34.382	37.652	40.646	44.314	46.928
26	11.160	12.198	13.844	15.379	17.292	35.563	38.885	41.923	45.642	48.290
27	11.808	12.878	14.573	16.151	18.114	36.741	40.113	43.195	46.963	49.645
28	12.461	13.565	15.308	16.928	18.939	37.916	41.337	44.461	48.278	50.993
29	13.121	14.256	16.047	17.708	19.768	39.087	42.557	45.722	49.588	52.336
30	13.787	14.954	16.791	18.493	20.599	40.256	43.773	46.979	50.892	53.672
31	14.458	15.655	17.539	19.281	21.434	41.422	44.985	48.232	52.191	55.003

n \ α	0.995	0.99	0.975	0.95	0.90	0.10	0.05	0.025	0.01	0.005
32	15.134	16.362	18.291	20.072	22.271	42.585	46.194	49.480	53.486	56.328
33	15.815	17.073	19.047	20.867	23.110	43.745	47.400	50.725	54.776	57.648
34	16.501	17.789	19.806	21.664	23.952	44.903	48.602	51.966	56.061	58.964
35	17.192	18.508	20.569	22.465	24.797	46.059	49.802	53.203	57.342	60.275
36	17.887	19.233	21.336	23.269	25.643	47.212	50.998	54.437	58.619	61.581
37	18.586	19.960	22.106	24.075	26.492	48.363	52.192	55.668	59.893	62.883
38	19.289	20.691	22.878	24.884	27.343	49.513	53.384	56.896	61.162	64.181
39	19.996	21.425	23.654	25.695	28.196	50.660	54.572	58.120	62.428	65.476
40	20.707	22.164	24.433	26.509	29.051	51.805	55.758	59.342	63.691	66.766

附表 5　t 分布表

$$P\{t(n)>t_a(n)\}=\alpha$$

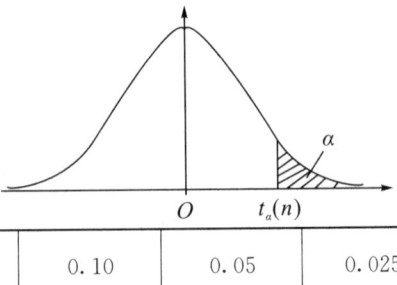

α n	0.25	0.10	0.05	0.025	0.01	0.005
1	1.0000	3.0777	6.3138	12.7062	31.8205	63.6567
2	0.8165	1.8856	2.9200	4.3027	6.9646	9.9248
3	0.7649	1.6377	2.3534	3.1824	4.5407	5.8409
4	0.7407	1.5332	2.1318	2.7764	3.7469	4.6041
5	0.7267	1.4759	2.0150	2.5706	3.3649	4.0321
6	0.7176	1.4398	1.9432	2.4469	3.1427	3.7074
7	0.7111	1.4149	1.8946	2.3646	2.9980	3.4995
8	0.7064	1.3968	1.8595	2.3060	2.8965	3.3554
9	0.7027	1.3830	1.8331	2.2622	2.8214	3.2498
10	0.6998	1.3722	1.8125	2.2281	2.7638	3.1693
11	0.6974	1.3634	1.7959	2.2010	2.7181	3.1058
12	0.6955	1.3562	1.7823	2.1788	2.6810	3.0545
13	0.6938	1.3502	1.7709	2.1604	2.6503	3.0123
14	0.6924	1.3450	1.7613	2.1448	2.6245	2.9768
15	0.6912	1.3406	1.7531	2.1314	2.6025	2.9467
16	0.6901	1.3368	1.7459	2.1199	2.5835	2.9208
17	0.6892	1.3334	1.7396	2.1098	2.5669	2.8982
18	0.6884	1.3304	1.7341	2.1009	2.5524	2.8784
19	0.6876	1.3277	1.7291	2.0930	2.5395	2.8609
20	0.6870	1.3253	1.7247	2.0860	2.5280	2.8453
21	0.6864	1.3232	1.7207	2.0796	2.5176	2.8314
22	0.6858	1.3212	1.7171	2.0739	2.5083	2.8188
23	0.6853	1.3195	1.7139	2.0687	2.4999	2.8073
24	0.6848	1.3178	1.7109	2.0639	2.4922	2.7969
25	0.6844	1.3163	1.7081	2.0595	2.4851	2.7874
26	0.6840	1.3150	1.7056	2.0555	2.4786	2.7787
27	0.6837	1.3137	1.7033	2.0518	2.4727	2.7707
28	0.6834	1.3125	1.7011	2.0484	2.4671	2.7633
29	0.6830	1.3114	1.6991	2.0452	2.4620	2.7564
30	0.6828	1.3104	1.6973	2.0423	2.4573	2.7500
31	0.6825	1.3095	1.6955	2.0395	2.4528	2.7440

n ＼ α	0.25	0.10	0.05	0.025	0.01	0.005
32	0.6822	1.3086	1.6939	2.0369	2.4487	2.7385
33	0.6820	1.3077	1.6924	2.0345	2.4448	2.7333
34	0.6818	1.3070	1.6909	2.0322	2.4411	2.7284
35	0.6816	1.3062	1.6896	2.0301	2.4377	2.7238
36	0.6814	1.3055	1.6883	2.0281	2.4345	2.7195
37	0.6812	1.3049	1.6871	2.0262	2.4314	2.7154
38	0.6810	1.3042	1.6860	2.0244	2.4286	2.7116
39	0.6808	1.3036	1.6849	2.0227	2.4258	2.7079
40	0.6807	1.3031	1.6839	2.0211	2.4233	2.7045
41	0.6805	1.3025	1.6829	2.0195	2.4208	2.7012
42	0.6804	1.3020	1.6820	2.0181	2.4185	2.6981
43	0.6802	1.3016	1.6811	2.0167	2.4163	2.6951
44	0.6801	1.3011	1.6802	2.0154	2.4141	2.6923
45	0.6800	1.3006	1.6794	2.0141	2.4121	2.6896
60	0.6786	1.2958	1.6706	2.0003	2.3901	2.6603
120	0.6765	1.2886	1.6577	1.9799	2.3578	2.6174
10^6	0.6745	1.2816	1.6449	1.9600	2.3264	2.5758

附表6 F分布表

$$P\{F(n_1,n_2)>F_\alpha(n_1,n_2)\}=\alpha$$

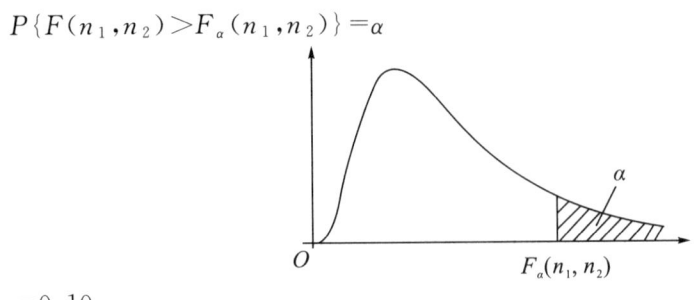

(1) $\alpha=0.10$

n_2	n_1								
	1	2	3	4	5	6	7	8	9
1	39.86	49.50	53.59	55.83	57.24	58.20	58.91	59.44	59.86
2	8.53	9.00	9.16	9.24	9.29	9.33	9.35	9.37	9.38
3	5.54	5.46	5.39	5.34	5.31	5.28	5.27	5.25	5.24
4	4.54	4.32	4.19	4.11	4.05	4.01	3.98	3.95	3.94
5	4.06	3.78	3.62	3.52	3.45	3.40	3.37	3.34	3.32
6	3.78	3.46	3.29	3.18	3.11	3.05	3.01	2.98	2.96
7	3.59	3.26	3.07	2.96	2.88	2.83	2.78	2.75	2.72
8	3.46	3.11	2.92	2.81	2.73	2.67	2.62	2.59	2.56
9	3.36	3.01	2.81	2.69	2.61	2.55	2.51	2.47	2.44
10	3.29	2.92	2.73	2.61	2.52	2.46	2.41	2.38	2.35
11	3.23	2.86	2.66	2.54	2.45	2.39	2.34	2.30	2.27
12	3.18	2.81	2.61	2.48	2.39	2.33	2.28	2.24	2.21
13	3.14	2.76	2.56	2.43	2.35	2.28	2.23	2.20	2.16
14	3.10	2.73	2.52	2.39	2.31	2.24	2.19	2.15	2.12
15	3.07	2.70	2.49	2.36	2.27	2.21	2.16	2.12	2.09
16	3.05	2.67	2.46	2.33	2.24	2.18	2.13	2.09	2.06
17	3.03	2.64	2.44	2.31	2.22	2.15	2.10	2.06	2.03
18	3.01	2.62	2.42	2.29	2.20	2.13	2.08	2.04	2.00
19	2.99	2.61	2.40	2.27	2.18	2.11	2.06	2.02	1.98
20	2.97	2.59	2.38	2.25	2.16	2.09	2.04	2.00	1.96
21	2.96	2.57	2.36	2.23	2.14	2.08	2.02	1.98	1.95
22	2.95	2.56	2.35	2.22	2.13	2.06	2.01	1.97	1.93
23	2.94	2.55	2.34	2.21	2.11	2.05	1.99	1.95	1.92
24	2.93	2.54	2.33	2.19	2.10	2.04	1.98	1.94	1.91
25	2.92	2.53	2.32	2.18	2.09	2.02	1.97	1.93	1.89
26	2.91	2.52	2.31	2.17	2.08	2.01	1.96	1.92	1.88
27	2.90	2.51	2.30	2.17	2.07	2.00	1.95	1.91	1.87
28	2.89	2.50	2.29	2.16	2.06	2.00	1.94	1.90	1.87
29	2.89	2.50	2.28	2.15	2.06	1.99	1.93	1.89	1.86
30	2.88	2.49	2.28	2.14	2.05	1.98	1.93	1.88	1.85

n_2	n_1								
	1	2	3	4	5	6	7	8	9
40	2.84	2.44	2.23	2.09	2.00	1.93	1.87	1.83	1.79
60	2.79	2.39	2.18	2.04	1.95	1.87	1.82	1.77	1.74
120	2.75	2.35	2.13	1.99	1.90	1.82	1.77	1.72	1.68
10^6	2.71	2.30	2.08	1.94	1.85	1.77	1.72	1.67	1.63

n_2	n_1									
	10	12	15	20	24	30	40	60	120	10^6
1	60.19	60.71	61.22	61.74	62.00	62.26	62.53	62.79	63.06	63.36
2	9.39	9.41	9.42	9.44	9.45	9.46	9.47	9.47	9.48	9.49
3	5.23	5.22	5.20	5.18	5.18	5.17	5.16	5.15	5.14	5.13
4	3.92	3.90	3.87	3.84	3.83	3.82	3.80	3.79	3.78	3.76
5	3.30	3.27	3.24	3.21	3.19	3.17	3.16	3.14	3.12	3.10
6	2.94	2.90	2.87	2.84	2.82	2.80	2.78	2.76	2.74	2.72
7	2.70	2.67	2.63	2.59	2.58	2.56	2.54	2.51	2.49	2.47
8	2.54	2.50	2.46	2.42	2.40	2.38	2.36	2.34	2.32	2.29
9	2.42	2.38	2.34	2.30	2.28	2.25	2.23	2.21	2.18	2.16
10	2.32	2.28	2.24	2.20	2.18	2.16	2.13	2.11	2.08	2.06
11	2.25	2.21	2.17	2.12	2.10	2.08	2.05	2.03	2.00	1.97
12	2.19	2.15	2.10	2.06	2.04	2.01	1.99	1.96	1.93	1.90
13	2.14	2.10	2.05	2.01	1.98	1.96	1.93	1.90	1.88	1.85
14	2.10	2.05	2.01	1.96	1.94	1.91	1.89	1.86	1.83	1.80
15	2.06	2.02	1.97	1.92	1.90	1.87	1.85	1.82	1.79	1.76
16	2.03	1.99	1.94	1.89	1.87	1.84	1.81	1.78	1.75	1.72
17	2.00	1.96	1.91	1.86	1.84	1.81	1.78	1.75	1.72	1.69
18	1.98	1.93	1.89	1.84	1.81	1.78	1.75	1.72	1.69	1.66
19	1.96	1.91	1.86	1.81	1.79	1.76	1.73	1.70	1.67	1.63
20	1.94	1.89	1.84	1.79	1.77	1.74	1.71	1.68	1.64	1.61
21	1.92	1.87	1.83	1.78	1.75	1.72	1.69	1.66	1.62	1.59
22	1.90	1.86	1.81	1.76	1.73	1.70	1.67	1.64	1.60	1.57
23	1.89	1.84	1.80	1.74	1.72	1.69	1.66	1.62	1.59	1.55
24	1.88	1.83	1.78	1.73	1.70	1.67	1.64	1.61	1.57	1.53
25	1.87	1.82	1.77	1.72	1.69	1.66	1.63	1.59	1.56	1.52
26	1.86	1.81	1.76	1.71	1.68	1.65	1.61	1.58	1.54	1.50
27	1.85	1.80	1.75	1.70	1.67	1.64	1.60	1.57	1.53	1.49
28	1.84	1.79	1.74	1.69	1.66	1.63	1.59	1.56	1.52	1.48
29	1.83	1.78	1.73	1.68	1.65	1.62	1.58	1.55	1.51	1.47
30	1.82	1.77	1.72	1.67	1.64	1.61	1.57	1.54	1.50	1.46
40	1.76	1.71	1.66	1.61	1.57	1.54	1.51	1.47	1.42	1.38
60	1.71	1.66	1.60	1.54	1.51	1.48	1.44	1.40	1.35	1.29
120	1.65	1.60	1.55	1.48	1.45	1.41	1.37	1.32	1.26	1.19

n_2	n_1									
	10	12	15	20	24	30	40	60	120	10^6
10^6	1.60	1.55	1.49	1.42	1.38	1.34	1.30	1.24	1.17	1.00

(2)$\alpha = 0.05$

n_2	n_1								
	1	2	3	4	5	6	7	8	9
1	161	200	216	225	230	234	237	239	241
2	18.51	19.00	19.16	19.25	19.30	19.33	19.35	19.37	19.38
3	10.13	9.55	9.28	9.12	9.01	8.94	8.89	8.85	8.81
4	7.71	6.94	6.59	6.39	6.26	6.16	6.09	6.04	6.00
5	6.61	5.79	5.41	5.19	5.05	4.95	4.88	4.82	4.77
6	5.99	5.14	4.76	4.53	4.39	4.28	4.21	4.15	4.10
7	5.59	4.74	4.35	4.12	3.97	3.87	3.79	3.73	3.68
8	5.32	4.46	4.07	3.84	3.69	3.58	3.50	3.44	3.39
9	5.12	4.26	3.86	3.63	3.48	3.37	3.29	3.23	3.18
10	4.96	4.10	3.71	3.48	3.33	3.22	3.14	3.07	3.02
11	4.84	3.98	3.59	3.36	3.20	3.09	3.01	2.95	2.90
12	4.75	3.89	3.49	3.26	3.11	3.00	2.91	2.85	2.80
13	4.67	3.81	3.41	3.18	3.03	2.92	2.83	2.77	2.71
14	4.60	3.74	3.34	3.11	2.96	2.85	2.76	2.70	2.65
15	4.54	3.68	3.29	3.06	2.90	2.79	2.71	2.64	2.59
16	4.49	3.63	3.24	3.01	2.85	2.74	2.66	2.59	2.54
17	4.45	3.59	3.20	2.96	2.81	2.70	2.61	2.55	2.49
18	4.41	3.55	3.16	2.93	2.77	2.66	2.58	2.51	2.46
19	4.38	3.52	3.13	2.90	2.74	2.63	2.54	2.48	2.42
20	4.35	3.49	3.10	2.87	2.71	2.60	2.51	2.45	2.39
21	4.32	3.47	3.07	2.84	2.68	2.57	2.49	2.42	2.37
22	4.30	3.44	3.05	2.82	2.66	2.55	2.46	2.40	2.34
23	4.28	3.42	3.03	2.80	2.64	2.53	2.44	2.37	2.32
24	4.26	3.40	3.01	2.78	2.62	2.51	2.42	2.36	2.30
25	4.24	3.39	2.99	2.76	2.60	2.49	2.40	2.34	2.28
26	4.23	3.37	2.98	2.74	2.59	2.47	2.39	2.32	2.27
27	4.21	3.35	2.96	2.73	2.57	2.46	2.37	2.31	2.25
28	4.20	3.34	2.95	2.71	2.56	2.45	2.36	2.29	2.24
29	4.18	3.33	2.93	2.70	2.55	2.43	2.35	2.28	2.22
30	4.17	3.32	2.92	2.69	2.53	2.42	2.33	2.27	2.21
40	4.08	3.23	2.84	2.61	2.45	2.34	2.25	2.18	2.12
60	4.00	3.15	2.76	2.53	2.37	2.25	2.17	2.10	2.04
120	3.92	3.07	2.68	2.45	2.29	2.18	2.09	2.02	1.96
10^6	3.84	3.00	2.60	2.37	2.21	2.10	2.01	1.94	1.88

n_2	n_1									
	10	12	15	20	24	30	40	60	120	10^6
1	242	244	246	248	249	250	251	252	253	254
2	19.40	19.41	19.43	19.45	19.45	19.46	19.47	19.48	19.49	19.50
3	8.79	8.74	8.70	8.66	8.64	8.62	8.59	8.57	8.55	8.53
4	5.96	5.91	5.86	5.80	5.77	5.75	5.72	5.69	5.66	5.63
5	4.74	4.68	4.62	4.56	4.53	4.50	4.46	4.43	4.40	4.37
6	4.06	4.00	3.94	3.87	3.84	3.81	3.77	3.74	3.70	3.67
7	3.64	3.57	3.51	3.44	3.41	3.38	3.34	3.30	3.27	3.23
8	3.35	3.28	3.22	3.15	3.12	3.08	3.04	3.01	2.97	2.93
9	3.14	3.07	3.01	2.94	2.90	2.86	2.83	2.79	2.75	2.71
10	2.98	2.91	2.85	2.77	2.74	2.70	2.66	2.62	2.58	2.54
11	2.85	2.79	2.72	2.65	2.61	2.57	2.53	2.49	2.45	2.40
12	2.75	2.69	2.62	2.54	2.51	2.47	2.43	2.38	2.34	2.30
13	2.67	2.60	2.53	2.46	2.42	2.38	2.34	2.30	2.25	2.21
14	2.60	2.53	2.46	2.39	2.35	2.31	2.27	2.22	2.18	2.13
15	2.54	2.48	2.40	2.33	2.29	2.25	2.20	2.16	2.11	2.07
16	2.49	2.42	2.35	2.28	2.24	2.19	2.15	2.11	2.06	2.01
17	2.45	2.38	2.31	2.23	2.19	2.15	2.10	2.06	2.01	1.96
18	2.41	2.34	2.27	2.19	2.15	2.11	2.06	2.02	1.97	1.92
19	2.38	2.31	2.23	2.16	2.11	2.07	2.03	1.98	1.93	1.88
20	2.35	2.28	2.20	2.12	2.08	2.04	1.99	1.95	1.90	1.84
21	2.32	2.25	2.18	2.10	2.05	2.01	1.96	1.92	1.87	1.81
22	2.30	2.23	2.15	2.07	2.03	1.98	1.94	1.89	1.84	1.78
23	2.27	2.20	2.13	2.05	2.01	1.96	1.91	1.86	1.81	1.76
24	2.25	2.18	2.11	2.03	1.98	1.94	1.89	1.84	1.79	1.73
25	2.24	2.16	2.09	2.01	1.96	1.92	1.87	1.82	1.77	1.71
26	2.22	2.15	2.07	1.99	1.95	1.90	1.85	1.80	1.75	1.69
27	2.20	2.13	2.06	1.97	1.93	1.88	1.84	1.79	1.73	1.67
28	2.19	2.12	2.04	1.96	1.91	1.87	1.82	1.77	1.71	1.65
29	2.18	2.10	2.03	1.94	1.90	1.85	1.81	1.75	1.70	1.64
30	2.16	2.09	2.01	1.93	1.89	1.84	1.79	1.74	1.68	1.62
40	2.08	2.00	1.92	1.84	1.79	1.74	1.69	1.64	1.58	1.51
60	1.99	1.92	1.84	1.75	1.70	1.65	1.59	1.53	1.47	1.39
120	1.91	1.83	1.75	1.66	1.61	1.55	1.50	1.43	1.35	1.25
10^6	1.83	1.75	1.67	1.57	1.52	1.46	1.39	1.32	1.22	1.00

(3)$\alpha = 0.025$

n_2	n_1								
	1	2	3	4	5	6	7	8	9
1	648	800	864	900	9225	937	948	957	963
2	38.51	39.00	39.17	39.25	39.30	39.33	39.36	39.37	39.39
3	17.44	16.04	15.44	15.10	14.88	14.73	14.62	14.54	14.47

n_2	n_1								
	1	2	3	4	5	6	7	8	9
4	12.22	10.65	9.98	9.60	9.36	9.20	9.07	8.98	8.90
5	10.01	8.43	7.76	7.39	7.15	6.98	6.85	6.76	6.68
6	8.81	7.26	6.60	6.23	5.99	5.82	5.70	5.60	5.52
7	8.07	6.54	5.89	5.52	5.29	5.12	4.99	4.90	4.82
8	7.57	6.06	5.42	5.05	4.82	4.65	4.53	4.43	4.36
9	7.21	5.71	5.08	4.72	4.48	4.32	4.20	4.10	4.03
10	6.94	5.46	4.83	4.47	4.24	4.07	3.95	3.85	3.78
11	6.72	5.26	4.63	4.28	4.04	3.88	3.76	3.66	3.59
12	6.55	5.10	4.47	4.12	3.89	3.73	3.61	3.51	3.44
13	6.41	4.97	4.35	4.00	3.77	3.60	3.48	3.39	3.31
14	6.30	4.86	4.24	3.89	3.66	3.50	3.38	3.29	3.21
15	6.20	4.77	4.15	3.80	3.58	3.41	3.29	3.20	3.12
16	6.12	4.69	4.08	3.73	3.50	3.34	3.22	3.12	3.05
17	6.04	4.62	4.01	3.66	3.44	3.28	3.16	3.06	2.98
18	5.98	4.56	3.95	3.61	3.38	3.22	3.10	3.01	2.93
19	5.92	4.51	3.90	3.56	3.33	3.17	3.05	2.96	2.88
20	5.87	4.46	3.86	3.51	3.29	3.13	3.01	2.91	2.84
21	5.83	4.42	3.82	3.48	3.25	3.09	2.97	2.87	2.80
22	5.79	4.38	3.78	3.44	3.22	3.05	2.93	2.84	2.76
23	5.75	4.35	3.75	3.41	3.18	3.02	2.90	2.81	2.73
24	5.72	4.32	3.72	3.38	3.15	2.99	2.87	2.78	2.70
25	5.69	4.29	3.69	3.35	3.13	2.97	2.85	2.75	2.68
26	5.66	4.27	3.67	3.33	3.10	2.94	2.82	2.73	2.65
27	5.63	4.24	3.65	3.31	3.08	2.92	2.80	2.71	2.63
28	5.61	4.22	3.63	3.29	3.06	2.90	2.78	2.69	2.61
29	5.59	4.20	3.61	3.27	3.04	2.88	2.76	2.67	2.59
30	5.57	4.18	3.59	3.25	3.03	2.87	2.75	2.65	2.57
40	5.42	4.05	3.46	3.13	2.90	2.74	2.62	2.53	2.45
60	5.29	3.93	3.34	3.01	2.79	2.63	2.51	2.41	2.33
120	5.15	3.80	3.23	2.89	2.67	2.52	2.39	2.30	2.22
10^6	5.02	3.69	3.12	2.79	2.57	2.41	2.29	2.19	2.11

n_2	n_1									
	10	12	15	20	24	30	40	60	120	10^6
1	969	979	985	993	997	1001	1006	1010	1014	1032
2	39.40	39.41	39.43	39.45	39.46	39.46	39.47	39.48	39.49	39.50
3	14.42	14.34	14.25	14.17	14.12	14.08	14.04	13.99	13.95	13.90
4	8.84	8.75	8.66	8.56	8.51	8.46	8.41	8.36	8.31	8.26
5	6.62	6.52	6.43	6.33	6.28	6.23	6.18	6.12	6.07	6.02
6	5.46	5.37	5.27	5.17	5.12	5.07	5.01	4.96	4.90	4.85

n_2	n_1									
	10	12	15	20	24	30	40	60	120	10^6
7	4.76	4.67	4.57	4.47	4.41	4.36	4.31	4.25	4.20	4.14
8	4.30	4.20	4.10	4.00	3.95	3.89	3.84	3.78	3.73	3.67
9	3.96	3.87	3.77	3.67	3.61	3.56	3.51	3.45	3.39	3.33
10	3.72	3.62	3.52	3.42	3.37	3.31	3.26	3.20	3.14	3.08
11	3.53	3.43	3.33	3.23	3.17	3.12	3.06	3.00	2.94	2.88
12	3.37	3.28	3.18	3.07	3.02	2.96	2.91	2.85	2.79	2.72
13	3.25	3.15	3.05	2.95	2.89	2.84	2.78	2.72	2.66	2.60
14	3.15	3.05	2.95	2.84	2.79	2.73	2.67	2.61	2.55	2.49
15	3.06	2.96	2.86	2.76	2.70	2.64	2.59	2.52	2.46	2.40
16	2.99	2.89	2.79	2.68	2.63	2.57	2.51	2.45	2.38	2.32
17	2.92	2.82	2.72	2.62	2.56	2.50	2.44	2.38	2.32	2.25
18	2.87	2.77	2.67	2.56	2.50	2.44	2.38	2.32	2.26	2.19
19	2.82	2.72	2.62	2.51	2.45	2.39	2.33	2.27	2.20	2.13
20	2.77	2.68	2.57	2.46	2.41	2.35	2.29	2.22	2.16	2.09
21	2.73	2.64	2.53	2.42	2.37	2.31	2.25	2.18	2.11	2.04
22	2.70	2.60	2.50	2.39	2.33	2.27	2.21	2.14	2.08	2.00
23	2.67	2.57	2.47	2.36	2.30	2.24	2.18	2.11	2.04	1.97
24	2.64	2.54	2.44	2.33	2.27	2.21	2.15	2.08	2.01	1.94
25	2.61	2.51	2.41	2.30	2.24	2.18	2.12	2.05	1.98	1.91
26	2.59	2.49	2.39	2.28	2.22	2.16	2.09	2.03	1.95	1.88
27	2.57	2.47	2.36	2.25	2.19	2.13	2.07	2.00	1.93	1.85
28	2.55	2.45	2.34	2.23	2.17	2.11	2.05	1.98	1.91	1.83
29	2.53	2.43	2.32	2.21	2.15	2.09	2.03	1.96	1.89	1.81
30	2.51	2.41	2.31	2.20	2.14	2.07	2.01	1.94	1.87	1.79
40	2.39	2.29	2.18	2.07	2.01	1.94	1.88	1.80	1.72	1.64
60	2.27	2.17	2.06	1.94	1.88	1.82	1.74	1.67	1.58	1.48
120	2.16	2.05	1.94	1.82	1.76	1.69	1.61	1.53	1.43	1.31
10^6	2.05	1.94	1.83	1.71	1.64	1.57	1.48	1.39	1.27	1.00

(4)$\alpha = 0.01$

n_2	n_1								
	1	2	3	4	5	6	7	8	9
1	4052	5000	5403	5625	57644	5859	5928	5981	6022
2	98.50	99.00	99.17	99.25	99.30	99.33	99.36	99.37	99.39
3	34.12	30.82	29.46	28.71	28.24	27.91	27.67	27.49	27.35
4	21.20	18.00	16.69	15.98	15.52	15.21	14.98	14.80	14.66
5	16.26	13.27	12.06	11.39	10.97	10.67	10.46	10.29	10.16
6	13.75	10.92	9.78	9.15	8.75	8.47	8.26	8.10	7.98
7	12.25	9.55	8.45	7.85	7.46	7.19	6.99	6.84	6.72
8	11.26	8.65	7.59	7.01	6.63	6.37	6.18	6.03	5.91

n_2	n_1								
	1	2	3	4	5	6	7	8	9
9	10.56	8.02	6.99	6.42	6.06	5.80	5.61	5.47	5.35
10	10.04	7.56	6.55	5.99	5.64	5.39	5.20	5.06	4.94
11	9.65	7.21	6.22	5.67	5.32	5.07	4.89	4.74	4.63
12	9.33	6.93	5.95	5.41	5.06	4.82	4.64	4.50	4.39
13	9.07	6.70	5.74	5.21	4.86	4.62	4.44	4.30	4.19
14	8.86	6.51	5.56	5.04	4.69	4.46	4.28	4.14	4.03
15	8.68	6.36	5.42	4.89	4.56	4.32	4.14	4.00	3.89
16	8.53	6.23	5.29	4.77	4.44	4.20	4.03	3.89	3.78
17	8.40	6.11	5.18	4.67	4.34	4.10	3.93	3.79	3.68
18	8.29	6.01	5.09	4.58	4.25	4.01	3.84	3.71	3.60
19	8.18	5.93	5.01	4.50	4.17	3.94	3.77	3.63	3.52
20	8.10	5.85	4.94	4.43	4.10	3.87	3.70	3.56	3.46
21	8.02	5.78	4.87	4.37	4.04	3.81	3.64	3.51	3.40
22	7.95	5.72	4.82	4.31	3.99	3.76	3.59	3.45	3.35
23	7.88	5.66	4.76	4.26	3.94	3.71	3.54	3.41	3.30
24	7.82	5.61	4.72	4.22	3.90	3.67	3.50	3.36	3.26
25	7.77	5.57	4.68	4.18	3.85	3.63	3.46	3.32	3.22
26	7.72	5.53	4.64	4.14	3.82	3.59	3.42	3.29	3.18
27	7.68	5.49	4.60	4.11	3.78	3.56	3.39	3.26	3.15
28	7.64	5.45	4.57	4.07	3.75	3.53	3.36	3.23	3.12
29	7.60	5.42	4.54	4.04	3.73	3.50	3.33	3.20	3.09
30	7.56	5.39	4.51	4.02	3.70	3.47	3.30	3.17	3.07
40	7.31	5.18	4.31	3.83	3.51	3.29	3.12	2.99	2.89
60	7.08	4.98	4.13	3.65	3.34	3.12	2.95	2.82	2.72
120	6.85	4.79	3.95	3.48	3.17	2.96	2.79	2.66	2.56
10^6	6.63	4.61	3.78	3.32	3.02	2.80	2.64	2.51	2.41

n_2	n_1									
	10	12	15	20	24	30	40	60	120	10^6
1	6056	6106	6157	6209	6235	6261	6287	6313	6339	71564
2	99.40	99.42	99.43	99.45	99.46	99.47	99.47	99.48	99.49	99.50
3	27.23	27.05	26.87	26.69	26.60	26.50	26.41	26.32	26.22	26.12
4	14.55	14.37	14.20	14.02	13.93	13.84	13.75	13.65	13.56	13.46
5	10.05	9.89	9.72	9.55	9.47	9.38	9.29	9.20	9.11	9.02
6	7.87	7.72	7.56	7.40	7.31	7.23	7.14	7.06	6.97	6.88
7	6.62	6.47	6.31	6.16	6.07	5.99	5.91	5.82	5.74	5.65
8	5.81	5.67	5.52	5.36	5.28	5.20	5.12	5.03	4.95	4.86
9	5.26	5.11	4.96	4.81	4.73	4.65	4.57	4.48	4.40	4.31
10	4.85	4.71	4.56	4.41	4.33	4.25	4.17	4.08	4.00	3.91
11	4.54	4.40	4.25	4.10	4.02	3.94	3.86	3.78	3.69	3.60

n_2	n_1									
	10	12	15	20	24	30	40	60	120	10^6
12	4.30	4.16	4.01	3.86	3.78	3.70	3.62	3.54	3.45	3.36
13	4.10	3.96	3.82	3.66	3.59	3.51	3.43	3.34	3.25	3.17
14	3.94	3.80	3.66	3.51	3.43	3.35	3.27	3.18	3.09	3.00
15	3.80	3.67	3.52	3.37	3.29	3.21	3.13	3.05	2.96	2.87
16	3.69	3.55	3.41	3.26	3.18	3.10	3.02	2.93	2.84	2.75
17	3.59	3.46	3.31	3.16	3.08	3.00	2.92	2.83	2.75	2.65
18	3.51	3.37	3.23	3.08	3.00	2.92	2.84	2.75	2.66	2.57
19	3.43	3.30	3.15	3.00	2.92	2.84	2.76	2.67	2.58	2.49
20	3.37	3.23	3.09	2.94	2.86	2.78	2.69	2.61	2.52	2.42
21	3.31	3.17	3.03	2.88	2.80	2.72	2.64	2.55	2.46	2.36
22	3.26	3.12	2.98	2.83	2.75	2.67	2.58	2.50	2.40	2.31
23	3.21	3.07	2.93	2.78	2.70	2.62	2.54	2.45	2.35	2.26
24	3.17	3.03	2.89	2.74	2.66	2.58	2.49	2.40	2.31	2.21
25	3.13	2.99	2.85	2.70	2.62	2.54	2.45	2.36	2.27	2.17
26	3.09	2.96	2.81	2.66	2.58	2.50	2.42	2.33	2.23	2.13
27	3.06	2.93	2.78	2.63	2.55	2.47	2.38	2.29	2.20	2.10
28	3.03	2.90	2.75	2.60	2.52	2.44	2.35	2.26	2.17	2.06
29	3.00	2.87	2.73	2.57	2.49	2.41	2.33	2.23	2.14	2.03
30	2.98	2.84	2.70	2.55	2.47	2.39	2.30	2.21	2.11	2.01
40	2.80	2.66	2.52	2.37	2.29	2.20	2.11	2.02	1.92	1.80
60	2.63	2.50	2.35	2.20	2.12	2.03	1.94	1.84	1.73	1.60
120	2.47	2.34	2.19	2.03	1.95	1.86	1.76	1.66	1.53	1.38
10^6	2.32	2.18	2.04	1.88	1.79	1.70	1.59	1.47	1.32	1.00

(5) $\alpha = 0.005$

n_2	n_1								
	1	2	3	4	5	6	7	8	9
1	16211	20000	21615	22500	23056	23437	23715	23925	24091
2	198.5	199.0	199.2	199.3	199.3	199.3	199.4	199.4	199.4
3	55.55	49.80	47.47	46.19	45.39	44.84	44.43	44.13	43.88
4	31.33	26.28	24.26	23.15	22.46	21.97	21.62	21.35	21.14
5	22.78	18.31	16.53	15.56	14.94	14.51	14.20	13.96	13.77
6	18.63	14.54	12.92	12.03	11.46	11.07	10.79	10.57	10.39
7	16.24	12.40	10.88	10.05	9.52	9.16	8.89	8.68	8.51
8	14.69	11.04	9.60	8.81	8.30	7.95	7.69	7.50	7.34
9	13.61	10.11	8.72	7.96	7.47	7.13	6.88	6.69	6.54
10	12.83	9.43	8.08	7.34	6.87	6.54	6.30	6.12	5.97
11	12.23	8.91	7.60	6.88	6.42	6.10	5.86	5.68	5.54
12	11.75	8.51	7.23	6.52	6.07	5.76	5.52	5.35	5.20
13	11.37	8.19	6.93	6.23	5.79	5.48	5.25	5.08	4.94

续表

n_2	n_1								
	1	2	3	4	5	6	7	8	9
14	11.06	7.92	6.68	6.00	5.56	5.26	5.03	4.86	4.72
15	10.80	7.70	6.48	5.80	5.37	5.07	4.85	4.67	4.54
16	10.58	7.51	6.30	5.64	5.21	4.91	4.69	4.52	4.38
17	10.38	7.35	6.16	5.50	5.07	4.78	4.56	4.39	4.25
18	10.22	7.21	6.03	5.37	4.96	4.66	4.44	4.28	4.14
19	10.07	7.09	5.92	5.27	4.85	4.56	4.34	4.18	4.04
20	9.94	6.99	5.82	5.17	4.76	4.47	4.26	4.09	3.96
21	9.83	6.89	5.73	5.09	4.68	4.39	4.18	4.01	3.88
22	9.73	6.81	5.65	5.02	4.61	4.32	4.11	3.94	3.81
23	9.63	6.73	5.58	4.95	4.54	4.26	4.05	3.88	3.75
24	9.55	6.66	5.52	4.89	4.49	4.20	3.99	3.83	3.69
25	9.48	6.60	5.46	4.84	4.43	4.15	3.94	3.78	3.64
26	9.41	6.54	5.41	4.79	4.38	4.10	3.89	3.73	3.60
27	9.34	6.49	5.36	4.74	4.34	4.06	3.85	3.69	3.56
28	9.28	6.44	5.32	4.70	4.30	4.02	3.81	3.65	3.52
29	9.23	6.40	5.28	4.66	4.26	3.98	3.77	3.61	3.48
30	9.18	6.35	5.24	4.62	4.23	3.95	3.74	3.58	3.45
40	8.83	6.07	4.98	4.37	3.99	3.71	3.51	3.35	3.22
60	8.49	5.79	4.73	4.14	3.76	3.49	3.29	3.13	3.01
120	8.18	5.54	4.50	3.92	3.55	3.28	3.09	2.93	2.81
10^6	7.88	5.30	4.28	3.72	3.35	3.09	2.90	2.74	2.62

n_2	n_1									
	10	12	15	20	24	30	40	60	120	10^6
1	24225	24426	24630	24836	24940	25044	25148	25256	25359	55524
2	199.4	199.4	199.4	199.5	199.5	199.5	199.5	199.5	199.5	199.5
3	43.69	43.39	43.08	42.78	42.62	42.47	42.31	42.15	41.99	41.82
4	20.97	20.70	20.44	20.17	20.03	19.89	19.75	19.61	19.47	19.32
5	13.62	13.38	13.15	12.90	12.78	12.66	12.53	12.40	12.27	12.14
6	10.25	10.03	9.81	9.59	9.47	9.36	9.24	9.12	9.00	8.88
7	8.38	8.18	7.97	7.75	7.64	7.53	7.42	7.31	7.19	7.08
8	7.21	7.01	6.81	6.61	6.50	6.40	6.29	6.18	6.06	5.95
9	6.42	6.23	6.03	5.83	5.73	5.62	5.52	5.41	5.30	5.19
10	5.85	5.66	5.47	5.27	5.17	5.07	4.97	4.86	4.75	4.64
11	5.42	5.24	5.05	4.86	4.76	4.65	4.55	4.45	4.34	4.23
12	5.09	4.91	4.72	4.53	4.43	4.33	4.23	4.12	4.01	3.90
13	4.82	4.64	4.46	4.27	4.17	4.07	3.97	3.87	3.76	3.65
14	4.60	4.43	4.25	4.06	3.96	3.86	3.76	3.66	3.55	3.44
15	4.42	4.25	4.07	3.88	3.79	3.69	3.58	3.48	3.37	3.26
16	4.27	4.10	3.92	3.73	3.64	3.54	3.44	3.33	3.22	3.11

n_2	n_1									
	10	12	15	20	24	30	40	60	120	10^6
17	4.14	3.97	3.79	3.61	3.51	3.41	3.31	3.21	3.10	2.98
18	4.03	3.86	3.68	3.50	3.40	3.30	3.20	3.10	2.99	2.87
19	3.93	3.76	3.59	3.40	3.31	3.21	3.11	3.00	2.89	2.78
20	3.85	3.68	3.50	3.32	3.22	3.12	3.02	2.92	2.81	2.69
21	3.77	3.60	3.43	3.24	3.15	3.05	2.95	2.84	2.73	2.61
22	3.70	3.54	3.36	3.18	3.08	2.98	2.88	2.77	2.66	2.55
23	3.64	3.47	3.30	3.12	3.02	2.92	2.82	2.71	2.60	2.48
24	3.59	3.42	3.25	3.06	2.97	2.87	2.77	2.66	2.55	2.43
25	3.54	3.37	3.20	3.01	2.92	2.82	2.72	2.61	2.50	2.38
26	3.49	3.33	3.15	2.97	2.87	2.77	2.67	2.56	2.45	2.33
27	3.45	3.28	3.11	2.93	2.83	2.73	2.63	2.52	2.41	2.29
28	3.41	3.25	3.07	2.89	2.79	2.69	2.59	2.48	2.37	2.25
29	3.38	3.21	3.04	2.86	2.76	2.66	2.56	2.45	2.33	2.21
30	3.34	3.18	3.01	2.82	2.73	2.63	2.52	2.42	2.30	2.18
40	3.12	2.95	2.78	2.60	2.50	2.40	2.30	2.18	2.06	1.93
60	2.90	2.74	2.57	2.39	2.29	2.19	2.08	1.96	1.83	1.69
120	2.71	2.54	2.37	2.19	2.09	1.98	1.87	1.75	1.61	1.43
10^6	2.52	2.36	2.19	2.00	1.90	1.79	1.67	1.53	1.36	1.01

附表 7 相关系数检验表

$n-2$ \ α	0.10	0.05	0.02	0.01	0.001
1	0.98769	0.99692	0.999507	0.999877	0.9999988
2	0.90000	0.95000	0.98000	0.99000	0.99900
3	0.8054	0.8771	0.93433	0.95873	0.99114
4	0.7293	0.8114	0.8822	0.91720	0.97406
5	0.6694	0.7545	0.8329	0.8745	0.95080
6	0.6215	0.7067	0.7887	0.8343	0.92490
7	0.5822	0.6664	0.7498	0.7977	0.8983
8	0.5494	0.6319	0.7155	0.7646	0.8721
9	0.5214	0.6021	0.6851	0.7348	0.8470
10	0.4973	0.5760	0.6581	0.7079	0.8233
11	0.4761	0.5529	0.6339	0.6835	0.8010
12	0.4575	0.5324	0.6120	0.6614	0.7800
13	0.4409	0.5140	0.5923	0.6411	0.7603
14	0.4259	0.4973	0.5743	0.6226	0.7419
15	0.4124	0.4821	0.5577	0.6055	0.7247
16	0.4000	0.4683	0.5426	0.5897	0.7084
17	0.3887	0.4555	0.5285	0.5751	0.6932
18	0.3783	0.4438	0.5155	0.5614	0.6788
19	0.3687	0.4329	0.5034	0.5487	0.6652
20	0.3598	0.4227	0.4921	0.5368	0.6524
25	0.3233	0.3809	0.4451	0.4869	0.5974
30	0.2960	0.3494	0.4093	0.4487	0.5541
35	0.2746	0.3246	0.3810	0.4182	0.5189
40	0.2573	0.3044	0.3578	0.3932	0.4896
45	0.2429	0.2875	0.3384	0.3721	0.4648
50	0.2306	0.2732	0.3218	0.3542	0.4432
60	0.2108	0.2500	0.2948	0.3248	0.4079
70	0.1954	0.2319	0.2737	0.3017	0.3798
80	0.1829	0.2172	0.2565	0.2830	0.3568
90	0.1726	0.2050	0.2422	0.2673	0.3376
100	0.1638	0.1946	0.2301	0.2540	0.3211

参考文献

[1] 盛骤,谢式千,潘承毅. 概率论与数理统计[M]. 4 版. 北京:高等教育出版社,2008.

[2] 缪铨生. 概率与统计[M]. 3 版. 上海:华东师范大学出版社,2007.

[3] 茆诗松,程依明,濮晓龙. 概率论与数理统计教程[M]. 3 版. 北京:高等教育出版社,2019.

[4] 魏宗舒. 概率论与数理统计教程[M]. 2 版. 北京:高等教育出版社,2008.

[5] 陈希孺. 概率论与数理统计[M]. 合肥:中国科学技术大学出版社,2009.

[6] 同济大学数学系. 概率论与数理统计[M]. 北京:人民邮电出版社,2017.

[7] 同济大学概率统计教研组. 概率统计[M]. 4 版. 上海:同济大学出版社,2009.